自贸港广厦之基

海控置业公共设施项目集群代管的探索与实践

Foundation of Grand Layout for Hainan Free Trade Port

The Expedition of Hainan Development Holdings Real Estate Group Co., Ltd. in Commissioned Project Management of Public Facilities

海南发展控股置业集团有限公司　编著

Hainan Development Holdings Real Estate Group Co., Ltd.

中国建筑工业出版社

编委会

编委会主任	马咏华　周军平
编委会副主任	符宣国　赵建农　李国红
编委委员	梁　谋　聂清斌　马志建　戴三娥　孙永强　程　志　顾志冬　王世忠　李　峰 李　剑　王东阳　佴　斌　施　慰　刘春生
主　　编	周军平
执行主编	施　慰
副 主 编	刘春生　张东红　林　婧　黄　梓　张　毅　余海洪　何　帅　顾晨佳　陆　洲 李　艳　李艳荣　温聪生　黄培坚　张　军
参编人员	（按姓氏笔画排序） 万海清　王希伟　王甜宇　文海燕　方晓东　尹　程　石万万　白　石　曲丽萍 华冰清　华皓宇　刘兆美　刘振兴　刘　德　孙剑宗　李会会　李　泽　李映星 李晓清　杨艳丽　杨钰洁　吴璧君　谷年友　迟向正　张会会　张　涛　张梦琦 陈文娟　陈　旸　陈紫卉　陈锦勇　邵琳娟　林　妍　林　蔚　罗候海　赵欣龙 秦晓燕　秦萍萍　徐立娟　徐江涓　高书潜　黄翠静　常　晋　符东华　符泽第 谌　谦　董家权　韩承学　辜美易　覃银洁　谢宗良　蒙钟获　滕延妍
摄　　影	庄　哲　单正党　王再燕
指导单位	海南省住房和城乡建设厅 海南省国有资产监督管理委员会 海南省发展控股有限公司
参编单位	上海国际投资咨询有限公司　　　　　　　　海南省设计研究院有限公司 天津大学建筑设计规划研究总院有限公司　北京建工集团有限责任公司 中国建筑设计研究院有限公司　　　　　　中铁建设集团有限公司 北京市建筑设计研究院有限公司　　　　　中交一公局集团有限公司 上海建筑设计研究院有限公司　　　　　　中国建筑一局（集团）有限公司 华东建筑设计研究院有限公司　　　　　　中国建筑第八工程局有限公司 同济大学建筑设计研究院（集团）有限公司　中国建筑第五工程局有限公司 深圳市建筑设计研究总院有限公司　　　　上海建工四建集团有限公司 中南建筑设计院股份有限公司　　　　　　海南海控中能建工程有限公司

序一

2018年4月13日，在庆祝海南建省办经济特区30周年大会上，习近平总书记郑重宣布，党中央决定支持海南全岛建设自由贸易试验区，支持海南逐步探索、稳步推进中国特色自由贸易港建设。此项重大国家战略，赋予了海南全面深化改革开放新的重大责任、重大使命和重大历史机遇。随后中共中央、国务院出台了《关于支持海南全面深化改革开放的指导意见》以及《海南自由贸易港建设总体方案》，明确了自贸港建设行动的"时间表""路线图""施工图"，并从围绕自贸试验区和中国特色自由贸易港的有效管理体制、推动生态保护红线落地等12个方面对海南全面深化改革开放的各项工作进行部署，让海南成为展示中国风范、中国气派、中国形象的靓丽名片。海南全省紧抓建设中国特色自由贸易港的历史机遇，经过五年多的踔厉奋斗，经济总量和三大支柱产业规模取得显著增长，改革创新不断取得进展，城乡建设和生态环境质量得到持续改善。社会事业方面，全面推进公共服务设施建设，启动并完成了一批社会领域基本项目建设，全面提升了海南省医疗、卫生、教育、文化等公共服务水平，让改革发展红利更多地惠及人民群众。

回顾过去五年多海南自贸港的建设历程，省属国有企业以高度的历史责任感、使命感肩负起了政府投资社会领域制度创新实践和推动项目建设的重任。针对自贸港建设的大量项目，海南省政府创新性地推出了代管制，由省属国企作为平台进行统一管理。海南控股旗下的海控置业是代管制成功推行的主力军，通过项目集群管理的机制变革与流程再造，不断提升项目管理效能，提高财政资金的使用效率，实现公共服务设施建设的规模效应。

代管制实施五年多以来，海控置业承担了近百个项目的代管工作，为海南自贸港社会事业发展贡献了自己的力量，不仅代管的项目荣获了多项工程领域奖项，还在党建引领、质量品牌打造、安全生产风险防范、清廉项目建设等方面做出了努力，积累了经验，充分展示了"功成不必在我"的自贸港担当精神和"艰苦奋斗、追求卓越、服务海南"的海控精神。

《自贸港广厦之基——海控置业公共设施项目集群代管的探索与实践》一书全面地介绍了海控置业实践代管制的过程，并通过制度修订来解决实践中发现的问题。书中还分别对医疗类、教育类项目的管控要点进行了介绍，目的是总结代管制推行的成效，积累项目管理经验，寻找差距和不足，为自贸港后续建设提供参考。

在海南自贸港即将启动封关运作的关键时期，期望通过海南省属国有企业在创新和实践上的率先垂范，引领社会各界投身于自贸港建设的浪潮中，为早日实现海南省"三区一中心"发展战略，推动中国特色自由贸易港的高质量发展奠定更加坚实的基础。

海南省国有资产监督管理委员会主任　马咏华

序二

海南控股旗下海控置业主编的《自贸港广厦之基——海控置业公共设施项目集群代管的探索与实践》一书即将付梓。通览全篇，虽然没有华丽优美的辞藻，也没有大气磅礴的语句，但却务实、接地气，是一本难能可贵的好书，是一本探索创新的好书。项目管理是一门科学，在实践中产生，在创新中发展。政府投资社会领域基本建设项目通过代管单位作为平台统一进行管理的制度模式，是海南省的一项重要制度创新。在推动顶层设计到项目交付使用的全过程中，海控置业是海南率先开展代管制的积极贡献者、实践者，不仅发挥了集体智慧，也带来了项目集群管理的机制变革与流程再造，激发了企业活力。创新是一个民族进步的灵魂，也是一个企业基业长青的不竭动力。在海南控股加快市场化转型、阔步进军中国企业500强的关键时期，创新是永恒不变的追求。

这是一本写实践的好书。海控置业近年来通过"一线工作法""解剖麻雀"，经过不懈努力和变革，在公司管理体制搭建和项目管理层面进行了大量的探索与实践。一个个生动鲜活的项目案例，一张张丰富饱满的图和表实景展示，一段段从项目概况到设计理念及特色、再到工程实施的概括表述，集中展示了代管制的产生和发展过程，为政府推进项目集群建设、企业推动管理制度调整提供了实践素材。空谈误国，实干兴邦。把美好愿景变成现实图景，唯有实践、再实践。推动海南控股做强做优做大，实践始终是检验每名党员干部党性的"试金石"。

这是一本展示精神的好书。代管制实施五年多以来，海控置业曾遇到困惑、面临困境、受到严峻考验，但凭着不抛弃不放弃的执着"杀出了一条血路"，不仅在代管项目上荣获了海南省建筑施工优质结构工程奖、海南省建设工程绿岛杯省级奖项43个，还在党建引领、质量品牌打造、安全生产风险防范、清廉项目建设等方面做出了成绩、积累了经验，铭刻了"优质、绿色、安全、廉洁"工程的印记，充分展示了敢闯敢试、敢为人先的特区精神，"功成不必在我"的自贸港担当精神和"艰苦奋斗、追求卓越、服务海南"的海控精神。人无精神则不立，企无精神则不强。为推进海南控股高质量发展，在海南自贸港建设中发挥更大战略支撑作用，海控全体员工将始终"一切为了海南发展"的使命，继续艰苦奋斗，全力追求卓越。

基础已筑，广厦可期。在海南自贸港建设的大背景下，海控置业在社会领域公共基础设施方面已经加固了"地基"，期盼随着海南自贸港"广厦"的拔地而起，能够成为区域综合开发和代管代建行业领域的翘楚，扛起更大担当、作出更大贡献、争取更大发展。

是为序。

海南省发展控股有限公司董事长　周军平

前言

自习近平总书记宣布建设海南自贸港以来，海南省委省政府全面贯彻落实党的二十大精神，贯彻新发展理念、构建新发展格局、推动高质量发展，坚持以人民为中心的发展思想，打造海南自贸港开发开放新高地，围绕自贸港建设初期社会发展打基础、补短板的工作目标，不断加强卫生、教育、文化、旅游、体育、社会服务等领域发展，提高公共服务效益和质量，启动了一系列政府投资社会领域基本建设项目。

政府投资社会领域基本建设项目通过代管单位作为平台统一进行管理的制度模式，是海南省的一项重要制度创新。2017年12月，海南省人民政府办公厅颁布《海南省政府投资社会领域基本建设项目实行代管制暂行办法》（琼府办〔2017〕204号）（以下简称《代管办法》），要求除涉及国家安全、国家秘密的项目外，政府投资人民币500万元以上（含500万元）的社会领域基本建设项目原则上都应当实行代管制。海南发展控股置业集团有限公司（以下简称海控置业）作为海南省发展控股有限公司（以下简称海南控股）旗下从事项目管理及地产开发的专业化公司，是代管制的首个实践者，负责承接省级政府投资社会领域基本建设项目的代管工作，在规范项目管理、提升建设能力、提高专业化水平、实现资源优化配置、集中廉政风险监控以及探索积累代管制管理经验等方面肩负重要使命。

自承接代管工作以来，海控置业一方面主动自我审视，针对代管项目集群化、功能业态多元化等因素引起的管理资源和管理能力上的不足，进行管理机制变革，从资源配置、流程再造、制度建设等多角度找对策、补短板，以精细化管理、高水平设计、高标准建设为目标，不断推动代管项目管理更加规范化，力争形成"让政府放心、让业主满意"的代管品牌。另一方面，海控置业总结了代管制实践期经验，推动《代管办法》完善，积极向省政府建言献策，主笔起草了《海南省政府投资社会领域基本建设项目实行代管制暂行办法（修订）》（琼府办〔2021〕42号）。

《自贸港广厦之基——海控置业公共设施项目集群代管的探索与实践》以自贸港初期建设为时代背景，通过回顾海控置业在管理机制上不断思考和变革的过程，为后续代管制的发展和代管企业的管理提供借鉴；以实际项目建设成果为落脚点，为读者打开了解自贸港建设的一扇窗，也是一种很好的回顾方式。

第1章代管制的产生与实践，介绍了《代管办法》出台的背景。一是自贸港初期大量社会领域项目启动建设需要制度保障，二是管理分散，建设标准、进度推进、资金归集方面缺乏协同，政府层面需要集中统一的管理平台作为抓手。本章根据海控置业五年以来在项目代管中的实践经验，总结了代管实践中遇到的内外部问题，介绍了《代管办法》的修订情况。

第2章项目集群管理的机制变革与流程再造，回顾了海控置业在面对项目集群化的过程中，从各部门齐抓共管逐步演进为矩阵式管理的四个阶段，各阶段所面对的主要问题和具体变革手段。叙述了如何结合管理学的流程再造方法对项目管理的全流程进行流程细分、补强和精简，通过几十个流程案例介绍管理变革的过程。

第3章项目集群管理的能力提升与品牌建设，讲述了在机制变革的过程中，站在企业治理的角度如何通过能力建设和制度建设给主要业务部门赋能，从产品设计、招标采购、成本控制、工程实施、质量安全、合规风险等方面提升代管业务的服务质量，通过企业内部产业协同提高代管业务的效益。本章还介绍了海控置业通过不断积累、逐步形成代管品牌的过程，以代管品牌推动公司品牌建设，进一步形成自贸港时代品牌。

第4~6章对海控置业代管的医疗类、教育类及其他类项目建设成果进行分章介绍，并总结了医疗类、教育类项目的管控要点。医疗类收录了包括海南省中医院新院区、海南医学院第一附属医院江东新院区、海南省人民医院观澜湖院区等10个代表项目；教育类收录了包括海南大学观澜湖校区一期、海南医学院桂林洋新校区、海南师范大学桂林洋校区等12个代表项目；其他类收录了博鳌乐城创新药械转换中心、海南省图书馆二期、三亚悦榕庄会议中心等5个代表项目。每个项目分为项目概况、设计理念及特色、工程实施三部分进行介绍，以图文并茂的方式充分展现项目的功能理念、设计手法和实施效果。

第7章代管项目建筑新技术应用示范，介绍了海控置业应用建筑业新技术高质量推动代管项目，通过绿色建筑技术显著降低建筑物能耗；通过装配式结构、装配式机电和装配式装修技术节约建造成本，减少施工现场物料消耗；通过推行BIM正向设计，达到设计、建造、运维一张图；通过智慧建造系统应用使得建造管理更加安全高效；通过建筑智能化、信息化建设使得建筑运营数字化水平不断提高；此外还介绍了包括减隔震、清水混凝土、洁净手术室等特色专项技术。

第8章高质量推进代管项目的难点及建议，通过梳理代管项目实施过程中的难点，提出了高质量推动项目建设的若干建议。通过强化前期工作、明确建设内容、确保前期研究工作深度来减少项目建设不确定因素；通过强化规划条件与供地、完善配套设施同步建设、统筹建设资金来保障项目建设要素齐备；通过优中选优、控制恶意低价、规范分包及材料设备采购来选择实力与项目匹配的参建团队；通过提高设计质量、发展建筑AI设计、推动BIM数字化模拟建造、推动建筑工业化、建立数字化项目管理平台、完善验收及后评估来促进高品质建设；通过完善全过程监督机制来保障代管市场竞争的充分性和公平性；通过标准化报批文件、完善并联审批及变更审批来提升审批效率。

在海南自贸港启动全岛封关运作冲刺之际，谨以本书，总结海控置业从事代管领域五年多以来的经验，展现海南自贸港社会领域项目的建设成果以及补短板、促民生方面的工作成效，为后续招商引资、人才引进起到积极作用。同时，希望此书的出版在项目全过程管理上为海南省建筑业的高质量发展提供参考。

目录

第 1 章　代管制的产生与实践　　001
　　1.1　代管制产生前的项目管理机制　　002
　　1.2　代管制的产生　　003
　　1.3　海控置业代管业务实践　　006
　　1.4　代管制实践初期的主要问题　　007
　　1.5　代管制的修订　　009
　　1.6　本章小结　　010

第 2 章　项目集群管理的机制变革与流程再造　　013
　　2.1　以问题为导向的"四阶段"组织架构　　014
　　2.2　基于人力资源模型的精细化人员配置　　019
　　2.3　"全过程"流程再造　　021
　　2.4　强化一线管理的分层级责权统一　　062
　　2.5　本章小结　　063

第 3 章　项目集群管理的能力提升与品牌建设　　065
　　3.1　能力提升——从人数多起来到能力强起来　　066
　　3.2　建章立制——建立工作标准和制度规范　　067
　　3.3　横向统筹——形成项目间良性竞争氛围　　070
　　3.4　产业协同——全产业链协同发展　　073
　　3.5　风险防控——安全工地和清廉项目建设　　073
　　3.6　品牌建设——创自贸港时代品牌　　075
　　3.7　本章小结　　080

第 4 章　医疗类项目管控要点及实践案例　　　　　　　　　　　　　　083
　　4.1　医疗类项目管控要点　　　　　　　　　　　　　　　　　　086
　　4.2　海南省中医院新院区（含省职业病医院）项目　　　　　　092
　　4.3　海南省疾病预防控制中心异地新建与公共卫生临床中心项目　　102
　　4.4　上海交通大学医学院附属瑞金医院海南医院（博鳌研究型医院）一期项目　110
　　　　　上海交通大学医学院附属瑞金医院海南医院（博鳌研究型医院）二期项目　112
　　4.5　海南医学院第一附属医院江东新院区项目　　　　　　　　122
　　4.6　国家紧急医学救援基地（海南）建设项目　　　　　　　　128
　　4.7　海南省人民医院南院（观澜湖）项目　　　　　　　　　　132
　　4.8　海南省老年医疗中心项目　　　　　　　　　　　　　　　140
　　4.9　海南省妇幼保健院异地新建项目　　　　　　　　　　　　146
　　4.10　海南省人民医院医教协同项目　　　　　　　　　　　　　156
　　4.11　四川大学华西乐城医院　　　　　　　　　　　　　　　　160
　　4.12　本章小结　　　　　　　　　　　　　　　　　　　　　　169

第 5 章　教育类项目管控要点及实践案例　　　　　　　　　　　　　　171
　　5.1　教育类项目管控要点　　　　　　　　　　　　　　　　　　176
　　5.2　海南大学观澜湖校区教学及生活服务设施（一期）项目　　182
　　5.3　海南大学生物医学与健康研究中心项目　　　　　　　　　192
　　5.4　海南大学南海海洋资源利用国家重点实验室项目　　　　　200
　　　　　海南大学万宁海洋科学试验中心项目　　　　　　　　　　202
　　5.5　海南大学热带作物国家重点实验室项目　　　　　　　　　210
　　5.6　海南大学协同创新中心项目　　　　　　　　　　　　　　214

5.7	海南大学其他相关项目	218
5.8	海南医学院桂林洋新校区项目	228
5.9	海南师范大学桂林洋校区项目汇总	234
5.10	海南师范大学附属中学文体活动中心及综合楼项目	236
5.11	本章小结	239

第 6 章　其他类项目　241

6.1	海南博鳌乐城国际创新药械交流转换中心项目	242
6.2	博鳌乐城先行区医工转化平台项目	248
6.3	海南省图书馆二期工程项目	254
6.4	三亚悦榕庄会议中心更新项目	262
6.5	海控全球精品（海口）免税城项目（二、三期改造工程）	266
6.6	本章小结	271

第 7 章　代管项目建筑新技术应用示范　273

7.1	绿色建筑应用示范	274
7.2	装配式建筑应用示范	277
7.3	BIM技术应用示范	279
7.4	智慧建造与智能建筑技术应用示范	281
7.5	其他建筑新技术应用示范	284
7.6	本章小结	287

第 8 章　高质量推进代管项目的难点及建议	289
8.1　减少项目建设的不确定性因素	290
8.2　保障项目建设资源齐备	292
8.3　选择实力与项目相匹配的参建团队	293
8.4　高品质推进项目建设	294
8.5　完善全过程监督机制	297
8.6　提高审批效率	297

附录1　项目列表	298

附录2　职责分配矩阵	302

附录3　总流程图	310

参考文献	312

后记	313

致谢	314

第 1 章

代管制的产生与实践

1.1 代管制产生前的项目管理机制

代管制产生前，海南省政府投资项目实行代建制。代建制是指项目业主按照规定的程序，将政府投资项目的组织、管理、策划和实施，委托专业工程管理公司具体负责的一种项目管理制度，具体参照《海南省政府投资项目代建制管理办法》（琼府〔2004〕55号）（以下简称《代建办法》）执行。

《代建办法》使得政府投资项目管理有了制度依据，但在执行《代建办法》多年后陆续发现了一些问题，首先是代建制的适用范围问题。《代建办法》指出，当业主单位满足以下三个条件时可以不实行代建制，自行组织建设：拥有3名以上（含3名）从事与项目相关专业领域工作满8年并具有该相关专业高级职称或同等专业水平的正式在编人员，5名以上（含5名）中级职称或同等专业水平的正式在编人员，具有同类工程建设管理业绩和相应的管理能力；管理人员熟悉工程有关法律法规；管理人员能够认真、公正、诚实、廉洁地履行职责。该条款的门槛并不高，许多业主单位选择自行组织建设，但是即使具备上述条件的业主单位，在自行进行组织建设时往往面临专业能力不足、管理经验欠缺的问题，加之重大建设项目的复杂程度高、专业分工细、管理强度大而出现无法顺利完成项目建设的情况。此外，建设工程项目投资大、周期长，管理权限过度集中易引发工程领域腐败问题，招投标、工程款支付等环节的反面案例屡见不鲜。

其次，《代建办法》规定代建项目可采用全过程代建方式，即由项目业主单位委托代建单位对代建项目从项目建议书批复后直至竣工交付使用实行全过程管理，也可以根据项目的实际情况采用分阶段的代建方式。《代建办法》中项目业主单位职责第四款：负责组织或委托代建单位在公共资源交易平台发布招标信息，依法进行项目工程以及与工程建设有关的服务、货物的招投标活动；监督建设项目全过程的招标采购工作。实际上，部分业主只把非主线工作委托给代建单位，前期设计、招标等工作仍采用自行管理，同样会产生管理工作界面的混乱和廉政风险。

最后，政府投资项目涉及项目立项、土地规划、工程报建、预算审批等诸多环节，需要协调沟通发改、资规、住建、财政、审计等相关政府部门，而业主单位隶属于某行业主管部门，该部门往往仅对其分管领域进行把关，因此跨部门沟通协调难度大、效率低（图1.1.1）。这种按照行业分散的管理使得项目建设的设计标准、资金使用、工程质量、推进进度各不相同，对于省级层面全面掌握项目推进情况，协调推动项目建设、统筹调配资源等造成一定困难。

《代建办法》第十二条规定：项目业主单位可根据代建单位的工程管理人员技术水平、管理能力和信用等情况，要求代建单位签订代建合同。签订合同时，代建单位必须向项目单位提交不超过中标合同金额10%的履约保证金，或出具同额度的银行履约保函。代建单位同时代建多个项目或者代建合同额较大时，容易产生较大资金压力。

因此，政府投资项目管理制度层面亟须进行改革，解决代建制实行中的诸多问题，发挥工程专业管理机构的优势，形成省政府推动项目建设的抓手，代管制由此应运而生。

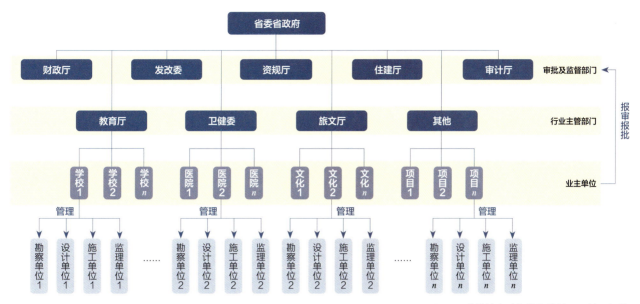

图1.1.1 《代管办法》推行前的项目管理架构

1.2 代管制的产生

1.2.1 政府投资项目管理制度的有力补充

2017年12月海南省政府依据《海南省人民政府关于规范政府投资项目管理的规定》（琼府〔2004〕55号），创新性地提出了《代管办法》并颁布实施。《代管办法》强化了对社会领域政府投资项目按"投资、建设、监管、使用"分离的原则进行专业化管理的模式，为项目的高效推进、高水平落地打下了坚实基础。

与代建制中项目业主单位可以自行选择管理模式不同，代管制要求除涉及国家安全、国家秘密的项目外，政府投资500万元及以上的项目原则上都应实行代管制，项目业主单位需委托有独立法人资格、具备匹配同类工程管理能力的单位进行代管，代管单位按照该办法及与项目业主方签订的代管合同承担建设实施主体责任。代管单位的职责包括：

（1）依法承担法律、法规和合同规定的工程质量、进度、环保、安全和投资等管理责任。配合有关部门依法组织的检查、考核等，负责落实整改。

（2）严格执行国家和省有关规定，以项目单位（项目业主）名义办理项目相关审批手续并落实相关要求；依据合同协助完成征地拆迁、三电和管线迁改等项目前期工作。

（3）拟定项目进度计划、资金使用计划、工程质量和安全保障措施等，并报经项目业主单位同意。

（4）审定一般设计变更并报送项目单位，办理较大及重大设计变更报批手续。

（5）组织工程验收，协助编制项目财务决算，准备竣工验收和向项目业主单位整体移交等相关工作。

（6）承担项目档案及有关技术资料的收集、整理、归档等工作，组织有关单位编制竣工文件。

（7）负责工程质量问题的处理，依法承担相应职责，与建设施工等参建单位共同承担工程质量终身责任。

（8）代管合同约定的其他职责。

代管单位需在可行性研究、项目报建报批、初步设计及概算、工程设计、项目招投标、施工管理、竣工验收等项目建设阶段配备项目管理人员和技术人员，需具备专业化职能部门和人才储备，具有设计、施工管理标准化建造体系及完善的过程管理标准流程，与项目审批部门、建设主管部门保持畅通的沟通渠道。

项目业主单位对建设项目的项目建议书、可行性研究、项目设计及项目实施至竣工验收等各环节进行协助监督与管理，不得干预代管单位正常招投标，指定材料、设备供应商。其主要职责包括：

（1）依法协助对建设项目的工程质量、进度和安全等进行监督管理。

（2）严格执行国家基本建设程序和有关规定，协助组织办理相关审批手续。

（3）审定代管单位各阶段工作方案、项目管理目标和主要工作计划，定期组织检查与考核，重点检查考核代管单位履约及合同执行情况。

（4）配合地方人民政府和有关部门完成征地拆迁、三电及管线迁改工作。

（5）筹措建设资金，及时支付工程建设各项费用。

（6）协助检查项目工程质量、安全管理及强制性标准执行等情况，督促代管单位依据概算严格控制工程投资。

（7）配合组织项目验收、竣工决算，做好竣工验收准备等。

（8）其他法定职责。

1.2.2 自贸港公共设施项目管理的制度依据

针对海南省原有卫生健康、教育等社会事业相对薄弱的情况，海南省委、省政府曾多次指出，海南的社会事业建设既要弥补历史性短板、又要对标自贸港标准，为人民群众提供更周到、更丰富的公共服务。在卫生健康方面，完成疾病预防控制体系改革和标准化建设，进一步保障全省公共卫生安全；推进50个省级临床医学中心及三级医院布局，实现"一小时三级医院服务圈"全省覆盖，"小病不进城、大病不出岛"；发展健康服务业，充分发挥乐城国际医疗旅游先行区辐射带动能力和核心竞争力；推进科研教学基础设施建设，大幅提升科教水平，为卫生健康事业发展提供持续动能。在高等教育方面，推进"1+2+×"总体落地实施，聚全省之力办好海南大学，实施海南师范大学、海南医学院提升工程，推动海南热带海洋学院等高校特色发展；支持海南大学培育建设更多一流学科，启动海南大学生物医学与健康研究中心、南海资源利用国家重点实验室、现代海洋渔业科技创新基地等建设项目；推动海南医学院更名海南医科大学，推进桂林洋校区建设。在这样的自贸港宏观政策下，产生了大量的政府投资项目，具体表现为相同类型项目激增以及同一区域项目数量激增。因此，管理模式也必然从管理单一项目向管理项目集群转变。推行代管制可以最大限度地进行集约化管理，通过代管单位统筹不同类型、不同区域的项目是一种有效的制度保障。

1.2.3 政府高效管控项目的制度保障

《代管办法》推行后,省政府通过国资委下属代管单位将多个项目进行统筹(图1.2.1),将分散的项目实施集中管理,拓宽了信息渠道,形成重点项目建设的抓手,有效解决了省级重点项目建设单位分散、资金分散、管理分散的问题,将分散管理转变为集中管理,保证了工程质量和进度。对外协调方面,代管单位建立统一的沟通渠道,在项目立项、土地规划、工程报建、预算审批等环节统一由代管单位负责完成。数据统计方面,省政府可以通过代管单位准确掌握项目投资、进度推进、预算执行等重要指标。

1.2.4 政府投资项目管理效能提升的有效促进

以代管单位作为政府投资项目的管理平台,有利于提升管理效率。通过总结医疗、教育等不同类型代管项目特点,代管单位可以快速形成设计管理、工程管理、合同管理、安全管理等标准化管理流程,有效提升政府投资项目管理效率。

以代管单位作为政府投资项目的管理平台,有利于保证项目品质。通过提炼医疗、教育等不同类型项目、建造中的重点管控措施和技术要点,结合项目业主及参建单位反馈的意见建议,代管单位可以形成标准化、建造体系,以各种导则、指引、手册来规范管理人员的管理动作。

以代管单位作为政府投资项目的管理平台,有利于发挥参建单位资源优势。代管单位可以通过方案竞赛、互比互看方式调动参建单位积极性。设计单位调动其内部资源参与方案竞赛,在设计过程中也会投入更多精力进行优化,合理降低成本;施工单位更加注重施工组织、施工方案及措施的合理性,投入更多资源保障工程质量及安全。

以代管单位作为政府投资项目的管理平台,有利于提高资金使用效率。代管单位由于具有可观的项目储备,在材料设备大宗采购中就会占据优势地位,实现材料设备采购的物美价廉,提高政府资金使用效率。

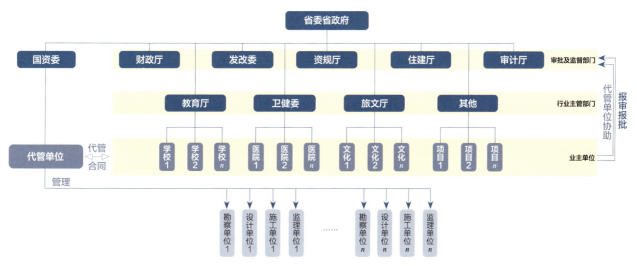

图1.2.1 《代管办法》推行后的项目管理架构

1.2.5 工程廉政风险防控的关键措施

代管制的推行，管理过程受业主单位监督，使得原来分散在各个业主单位的廉政风险点集中在代管单位，通过加强对代管单位的监管以及代管单位自身建设，形成各个环节彼此分离、互相制约的风险防控体系，规范工程招标采购，对设计变更、工程款支付、材料设备定价、合同结算等重点廉政风险点加强监督，从源头上有效预防和治理政府投资项目的腐败问题。

1.3 海控置业代管业务实践

代管制的推行需要通过实践来验证，海控置业作为海南控股的二级公司以及省国资委下属的基本建设专业化项目管理单位，在2021年修订《代管办法》之前是唯一具备承接代管业务资格的企业。海控置业在《代管办法》指引下，在海南省发展和改革委员会、海南省住房和城乡建设厅、海南省国有资产监督管理委员会、海南省卫生健康委员会、海南省教育厅的指导下，与项目业主单位有效沟通、紧密协作，推动了一批项目建设，积累了代管业务实践的第一手经验。

海控置业重点协助了海南省卫生健康、教育等领域的总体布局落实，促进了海南省医疗和教育事业的发展。在卫生健康领域，海南省疾病预防控制中心异地新建与公共卫生临床中心项目作为完善重大疫情防控体制机制的补短板项目，将大幅提升海南省疾病预防能力、公共卫生科研水平与服务能力；上海交通大学医学院附属瑞金医院海南医院作为国内首个研究型医院，将建成国家真实世界数据研究中心、国家临床医学创新中心与先进技术国家医学研究中心，助力国家医疗、科研事业的发展；国家紧急医学救援基地（海南）建设项目作为海南省首个针对海上突发事故及台风等灾害的国家紧急医学救援基地，将形成具有海南自贸港特色的紧急医学救援体系；海南省老年医疗中心项目作为海南省唯——家老年病专科医院和三级康复专科医院，将担负起应对人口老龄化的各项医疗、康复、健康管理及保健任务，助推"健康中国""健康海南"战略的实施。

在教育领域，海南大学南海海洋资源利用国家重点实验室项目作为海南省的第一个省部共建国家重点实验室项目，将充分利用南海地缘优势开展前沿基础科学研究，为海洋资源产业化提供理论支撑；海南大学生物医学与健康研究中心项目作为综合性研发平台，将在全脑介观连接图谱、类脑智能、穿戴式医疗、体外诊断技术、类器官等领域开展前沿探索与科技成果转化研究，成为支撑海南生命健康产业的重要基地；海南医学院桂林洋新校区（一期）项目将为学校全面建成热带特色鲜明的国际化高水平医科大学提供广阔办学空间。

海控置业还积极参与文旅、会展、科研办公等项目的建设，为海南自贸港实现"全面深化改革开放试验区""国际旅游消费中心"战略定位作出自身贡献。

在2018年初至2023年6月间，海控置业累计承接代管项目96个（其中省重点项目28个），总投资额约375亿元，完成竣工验收的项目56个。其中承接卫生健康类项目17个，包括海南省中医院新院区（含省职业病医院）、海南医学院第一附属医院江东新院区、海南省人民医院南院（观澜湖）等项目，总投资额约107亿元，总床位数7100床（约为2021年海南省卫生机构床位总数的11.61%）；承接教育类项目45个，包括海南大学南海海洋资源利用国家重点实验室、海南大学观澜湖校区教学及生活服务设施（一期）、海南医学院桂林洋新校区（一期）等项目，总投资额约76亿元，总建筑面积约97万m^2；承接文旅、会展、科研办公等其他类项目34个，包括三亚悦榕庄酒店会议中心、海控全球精品（海口）免税城、国际创新药械交流转换中心等项目，总投资额约192亿元。

以上这些项目是进行管理思路梳理的基础，后文中的一系列管理变革也是基于这些项目推进过程中所出现的问题提出的。

1.4 代管制实践初期的主要问题

由国有企业进行项目代管，基本实现了省政府推行代管制的初衷，但在实践过程中也发现了一系列问题，有代管制本身的问题，也有制度执行的问题；有业主单位的问题，也有代管单位的问题。

1.4.1 起始投资规模低，代管缺乏市场竞争

《代管办法》规定的基本建设项目类型为新建、迁建和改扩建项目，投资规模不低于500万元。在实践初期，代管单位承接了大量"散而小"的代管项目，比如学校绿化工程、运动场改造、医院扩建修缮等项目，这些项目往往属于既有建筑的改扩建，工作内容主要是机电工程、室内装修、园林绿化等，此类项目投资额往往不高，但管理细度和资源投入与新建项目基本一致，对代管单位的管理资源是一种稀释。

《代管办法》虽然实现了建设阶段项目管理与监督职能的分离，但实践初期大量项目集中于同一家代管单位，使得代管业务某种程度上呈现出垄断性特征，不利于形成市场主体充分竞争的环境。

1.4.2 制度理解上发生偏差

《代管办法》希望实现业主单位职能向过程监督转变，但在实际执行过程中，业主单位接受代管制、理解代管制也经历了一个过程。有的观点认为，实行代管以后，所有的项目建设工作完全由代管单位负责，业主可以脱手不管，最后收钥匙就可以了；有的观点认为项目归属业主单位，代管单位只是工程建设管理的抓手，必须完全听命于业主单位，不能越俎代庖。不管哪种观点都对项目管理中的沟通造成了困难，都没有形成业主单位、代管单位、参建单位之间"同频共振"式推动项目建设的效果。

1.4.3 业主单位与代管单位权责不清

《代管办法》指出项目代管可以从项目前期工作开始，也可以从涉及项目招投标工作的阶段开始。对前期阶段该由谁负主要责任的问题界定较为模糊，而项目建议书、可行性研究阶段是决定项目使用功能是否达到预计目标最为关键的阶段，此阶段

业主单位应起主导作用，代管单位起辅助作用。实践中，部分项目由于前期研究不充分、业主单位未明确功能需求，出现可研深度不足的情况，导致项目开工后调整可研和初设概算，进而影响使用功能或者引发超概风险。

初期实践中还出现了其他权责不清的问题。比如业主移交的项目前期基础资料缺失严重，以及因前期工作质量问题导致概算无法覆盖实际投资的情况，业主认为处理此类问题是代管单位的责任，使得项目无法承接或承接后无法推进。部分业主单位过多介入工程管理环节，但既不对项目概算负责，也不对工期负责，"做主不当家"，导致管理越位和多头指挥。《代管办法》规定业主单位负责推进项目的征地拆迁、三电、管线迁移，但实践中业主单位往往要求代管单位代其完成该项工作。此外，还存在业主单位根据自身需求，要求压缩既定工期和交付时间的情况。

1.4.4 代管单位缺乏管理经验

自贸港项目集群建设，管理难度加大

代管制起步恰逢海南自贸港建设初期，社会各界对于公共基础设施投入使用的需求是非常迫切的，省委、省政府要求以超常规的状态推进项目建设，对省重点项目限定了开工期限，不仅要实现"补短板"，更要以"只争朝夕"的状态推进项目建设。超常规的推进对项目管理提出了更高要求，为避免设计、成本、质量及安全方面产生问题，公司对项目进行更加科学高效的统筹安排。项目的集中批复也使得管理对象由多个项目转变成了项目集群，管理难度进一步加大。代管制作为一种制度创新，一经颁布就面临项目集群建设带来的严峻考验。此外，一系列行业政策新规定的实施也加大了代管难度，比如装配式建筑和绿色建筑，规定省内新开工建筑装配率达到50%以上，单体2万平方米以上的政府投资公共建筑绿色建筑达到二星级标准，技术标准的提高必然引起建设成本的增加，这给代管工作也带来了挑战。

专业工艺流程复杂，管理难度增加

医疗建筑是建筑类型中难度较大的一种，涉及各科室流程的分级确认、复杂的医疗专项设计，还要为医疗设备安装调试预留条件；教育建筑则涉及教学实验室的工艺专项设计。代管项目的这些特点都是之前没有遇到过的。海控置业在承接代管业务之前，开发过住宅项目，具备一定项目开发和工程管理经验，但对于公共建筑的建设管理接触不多，以这样的管理和技术基础能力去开展代管业务，面临的困难是可想而知的。公司面临技术管理人员短缺、专业门类不全、水平参差不齐的问题，全部专业技术人员只有40余人，机电、室内、风景园林专业工程师短缺，在方案比选、技术论证等关键管理环节上很难与参建单位形成技术水平对等的讨论。

1.4.5 建设资金支付方式繁琐

《代管办法》明确由业主单位负责筹措建设资金，及时支付工程建设各项费用。实践中，业主单位首先要求代管单位报送年度资金预算，再按照预算申请当年建设资金后将资金拨付至代管项目专用账户，通过代管单位代为支付。此支付方式虽然解决了支付及时性问题，但由于实际资金支付不可能完全与年初预算一致，账户资金如超过当年实际发生的数额，则沉淀在项目账户上的剩余资金将面临被收回的问题。因此，需要进一步优化支付方式，防止资金沉淀。

1.5 代管制的修订

为推动代管制的不断完善,解决制度实行初期遇到的各种问题,2021年海控置业通过总结代管制初期实践经验,在省国资委指导下,主笔起草《海南省政府投资社会领域基本建设项目实行代管制暂行办法(修订)》(琼府办〔2021〕42号)、《代管项目委托代管合同(格式文本)》及《代管制操作规范指南》等配套文件,进一步明确了代管项目各阶段业主单位和代管单位的职责分工,详见表1.1.1,相较2017版《代管办法》主要修订内容如下。

代管项目各阶段职责分工 表1.1.1

阶段	序号	任务	业主单位	代管单位
前期阶段	1	项目建议书委托	负责	按代管合同职责范围协助
	2	立项报批		
	3	用地规划许可		
	4	征地、拆迁、场地平整		
	5	可研单位委托		
	6	可研审批		
	7	勘察、设计招标	按代管合同职责范围负责或协助	按代管合同职责范围负责或协助
	8	设计方案		
	9	设计方案确定		
	10	工程规划许可证办理		
	11	初步设计及概算编制		
	12	初步设计及概算报批		
	13	施工图设计	协助	负责
	14	施工图审查	协助	负责
	15	财政评审	负责	协助
	16	工程监理、全过程造价咨询选择	共同负责	
	17	施工招标	协助	负责
	18	施工许可证办理	协助	负责
施工阶段	19	协调管理各参建方	监督	负责
	20	进度管理	监督	负责
	21	质量管理	监督	负责
	22	投资控制	监督	负责
	23	安全文明环保施工管理	监督	负责
竣工验收阶段	24	组织工程竣工验收	协助	负责
	25	进行土地、规划、消防、人防、档案等验收	按代管合同职责范围负责或协助	按代管合同职责范围负责或协助
	26	竣工验收备案		
	27	竣工结算	协助	负责
	28	财务决算	负责	协助
项目移交阶段	29	交付使用前设备安装、调试、保养	按采购安装合同负责	按采购安装合同负责
	30	完成建设资料的整理、归档	协助	负责
	31	资料、工程及设备移交	接收	移交
	32	项目后评价	负责	协助

1.5.1 调整代管制起始投资规模

2021版《代管办法》第五条修订为：除涉及国家安全、国家秘密的项目外，政府投资人民币2000万元以上（含2000万元）的社会领域基本建设项目的建设管理，原则上都应当实行代管制；政府投资人民币2000万元以下500万元以上（含500万元）的社会领域基本建设项目，业主单位具备建设技术和管理条件的可以自行组织建设，也可实行代管制。本条修订进一步优化了代管资源配置，使代管单位集中精力聚焦重大项目建设，提高项目推进效率。

1.5.2 引入代管单位市场化竞争机制

遵循择优选择、责权一致、目标管理的原则，通过竞争性方式选择业绩和信用良好、管理资源投入与项目要求相匹配的代管单位，解决了代管项目过于集中的问题，符合公平市场原则，激发代管单位动能，助力海南自贸港营商环境的优化。2021版《代管办法》第二条修订为：政府投资社会领域基本建设项目的业主单位通过竞争比选方式，委托具有独立法人资格、具备与同类工程建设管理相适应管理能力的单位代管。

1.5.3 明确项目前期阶段分工及重大变更申报主体

2021版《代管办法》第十五条修订为：业主单位负责在项目前期研究阶段提出项目建设的规模、功能要求，组织项目概念性方案设计，组织编制项目建议书和可行性研究报告，并办理报批手续。第十七条修订为：代管单位根据代管合同约定，协助编制项目可行性研究报告，及办理项目可行性研究报告审批手续。第七条修订为：项目代管原则上从政府投资主管部门批复可行性研究报告开始。以上条款明确了业主单位、代管单位在项目前期阶段的职责分工，规定了项目代管的起始点。

对于需要进行设计重大变更及概算调整的情况，修订版明确了代管单位和业主单位各自的职责，第十五条修订为：代管单位按照相关规定向项目业主单位提出项目建设中出现的重大变更及概算调整建议，由项目业主单位按照相关审批调整程序履行报批手续。

1.5.4 完善业主单位监督手段

2021版《代管办法》第十七条修订为：代管单位负责根据项目建设有关规定依法依规选择各项目参建单位，其中工程监理单位、全过程造价咨询单位与业主单位共同选择，并共同与选定的工程监理单位、全过程造价咨询单位签订三方合同，代管单位负责与其他各参建单位签订合同，报项目业主单位备案，并管理和督促各参建单位履行合同。项目业主单位与监理单位、造价咨询单位形成合同关系，并对其余参建单位进行把关，有利于项目业主行使监督职责。

1.5.5 实现建设资金国库集中支付

2021版《代管办法》第十五条修订为：项目业主单位及时按代管单位审核的款项及提出的用款申请，根据工程进度及建设合同约定，通过财政国库集中支付方式向参建单位直接拨付工程建设各项费用款项。建设资金通过国库集中支付，减少支付的中间环节，有效防范了建设资金沉淀，使各项目建设资金得到统筹安排、灵活调度，提高了财政资金使用效率。

1.6 本章小结

本章还原了代管制产生、实践和修订的完整过程，代管制作为政府投资项目创新性制度，成为自贸港医疗、教育等公共设施项目建设的制度保障，实现了从分行业管理项目向省属国有企业作为平台管理项目的转变，形成了协同推进、资金集中、标准统一的管理模式。通过海控置业的生动实践发现制度实行初期问题，省政府根据实践阶段发现的问题对代管制进行了修订，本章也对主要修订条款进行了介绍。

第 2 章

项目集群管理的机制变革与流程再造

2.1 以问题为导向的"四阶段"组织架构

如何在有限的资源条件下推进大规模建设，实现项目高质量、高标准落地，成为公司在这五年中一直思考和实践的问题。为此，公司以问题为导向，借鉴成功企业管理经验，逐步调整管理机制，持续进行变革。回顾五年以来的变革过程，归纳起来可划分为四个阶段：齐抓共管管理阶段、总协调人管理阶段、区域项目部管理阶段、矩阵式项目部管理阶段，见图2.1.1。

图2.1.1 管理机制变革过程

2.1.1 齐抓共管管理阶段

随着海南省政府投资社会领域的一系列涉及国计民生的重大项目加速落地实施，省委省政府以超常规举措"大干快上"，"五加二，白加黑"地推进项目建设，代管项目不仅数量多而且投资规模大、建设周期长。公司代管的首批项目包括海南省机电工程学校教学楼、海南外国语职业学院南苑学生公寓楼、海南省国兴中学教学综合楼等，项目数量呈现稳步增加态势。自2018年下半年开始，代管业务出现快速增长，业务规模由原来个位数迅速增至25个。项目涉及的领域也更为广泛，由原来的单一领域扩展至医疗、卫生、教育、文化等领域，面对的使用主体也更为多元化。在此阶段，公司设有10个职能部门，负责主要业务的部门有前期投资部、成本控制部、总工办、工程管理中心（安委办）4个，所有项目按照职责分工由业务部门共同管理，见图2.1.2。

期间，代管业务主要面临以下问题：

（1）业务流程没有拉通。由于公司管理制度并不能完全覆盖各项具体业务流程，在制度中未提及的工作内容就形成了推诿扯皮的空间，工作无人认领的情况往往需要公司领导逐个协调。

（2）技术把关能力有限。项目推进中的技术工作，如勘察、设计管理工作，是以代管方与业主方听取第三方汇报的方式开展，由于技术人员的配置不足，专业不齐全，专业度参差不齐，导致技术问题的审核存在盲点。

（3）施工现场解决问题能力有限。项目的施工管理由工程管理中心派出人员负责，存在发现问题不充分、不及时的情况。同时，大量无法解决的现场问题由工程管理中心统一收集后报公司进行解决，其中跨业务部门、分管领导的问题往往需要公司主要领导决策，导致项目在推进过程中的流程长，协调效率不高。

（4）沟通协调机制不畅。项目部委派工程管理人员具体负责对外沟通，但由于项目的复杂性，工程管理人员不仅需要与项目业主单位及其上级主管

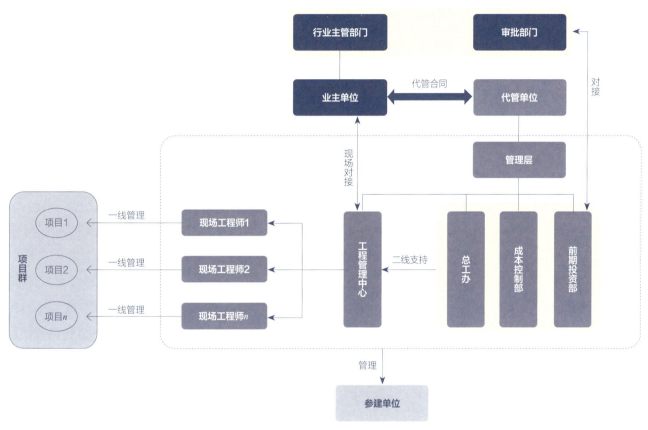

图2.1.2 齐抓共管管理阶段组织架构图

部门进行沟通汇报,还需要沟通协调发改、财政、资规、住建等多个政府部门,沟通层级高、协调范围广,工程管理人员的沟通层级不够,效率不高。

此时,海南控股在各二级公司大力推行"一线工作法",要求公司领导要经常下一线,到项目现场掌握一手情况并协调解决问题,这一做法很大程度上解决了齐抓共管管理阶段上下级信息不畅和决策效率低的问题。齐抓共管的项目管理方式在项目数量较少的时候通过推行"一线工作法"加快公司领导的决策流程,提升项目管理人员的工作效率,基本能够实现过程的可控。但是随着代管项目的持续增加,领导班子的管理力量被稀释,公司内推诿扯皮的"部门墙"问题凸显,缺乏以项目为目标的横向联动统筹,管理效率亟待提高。

2.1.2 总协调人管理阶段

为解决齐抓共管管理阶段项目管理机制上的突出问题,适应日益增长的代管业务需要,在进一步强化"一线工作法"的情况下,公司推行了总协调人管理模式。项目进行合并同类项,各总协调人的分工按项目类型兼顾项目所在地域进行划分,见图2.1.3。

在该模式下,公司承接代管业务后,先确定项目总协调人,再确定项目经理,相较齐抓共管管理阶段,项目负责人由工程管理中心的工程师调整为项目经理。项目经理的岗位职责更为全面,不再仅仅关注工程问题,而是负责项目各条线推进工作,遇到难点堵点时报告总协调人解决。总协调人负责向项目业主单位汇报、沟通;对接政府主管单位推进对外协调工作，解决项目报批、报建、报审中的问题；负责制定项目总体计划安排，统筹公司各部门协同推进项目实施。总协调人每周须召开例会解决推进中的各项问题，参加项目业主单位及政府主管部门的专题会议，进一步提高管理服务层级。总协调人管理模式较为有效地解决了"部门墙"及对外协调的问题，项目管理总体上平稳有序。

此阶段，代管项目增加了16个，但由于公司人员数量不足，项目管理人员跨专业兼项的情况愈发明显，如结构工程师兼顾暖通、给排水工程师职能。代管项目在数量增多的同时，还出现了地域上的分散，项目分散在海口江东新区、海甸岛、博鳌乐城、三亚崖州湾科技城、儋州、临高、五指山、文昌等地区。总协调人、项目经理在各个项目之间分身乏术，人员不足的问题进一步放大，这种情况使得总协调人管理模式的效率有所下降。

2.1.3 区域项目部管理阶段

针对总协调人管理模式效率下降的问题，公司在原有制度基础上，考虑项目地域分布的因素，将按项目类型分工调整为按项目区域集中地分工，推行了区域项目部管理制度。总协调人在职责和工作内容不变的情况下，以一定区域范围为边界开展项目管理工作。各区域项目部配备项目总监协助总协调人，项目部人员相对固定，且常驻在现场，人

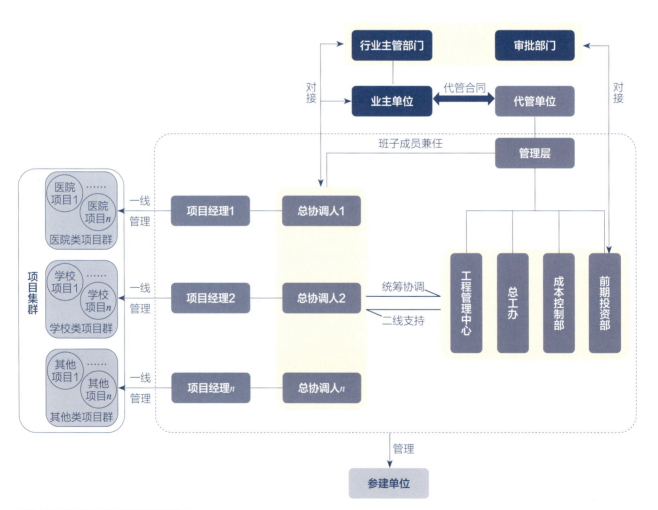

图2.1.3 总协调人管理阶段组织架构图

员兼项只限于区域项目部内，现场管理力量得以稳定，与属地政府部门的沟通也得以加强，见图2.1.4。

但是，在区域项目部管理阶段后期，随着大量代管项目同步进入了施工高峰期，施工过程中出现的大量问题涉及工程、成本、设计等多部门，在此情况下，管理又出现了新的难点：

（1）区域项目部解决问题能力不足。项目经理与现场工程师限于自身专业能力往往无法单独解决全部现场问题，需要提交至公司层面，经由几个业务部门议妥后执行。整体呈现出问题发现在"一线"，问题解决在"二线"的现象。区域项目部的作用没有得到充分发挥。同时，项目现场工程师反馈专业问题的准确性也不足，还需要业务部门进一步验证。

（2）设计、成本等部门被动管理。设计、成本等业务部门多为被动式的管理，即现场报上来什么问题、巡场发现什么问题就解决什么问题。对问题的发现不够主动，不够及时。

（3）设计、成本等部门人员数量不足。设计、成本等部门原有人员的配置相对精简，但随着区域项目部制度推行，项目管理的力量得到了加强，管理颗粒度变细，需要协调的问题数量也大幅增加，业务部门的人数出现了缺口，巡场和驻场的时间得不到保证。

2.1.4 矩阵式项目部管理阶段

针对区域项目部管理阶段出现的问题，公司首先对专业技术人员进行了补强，然后在区域项目部的基础上，进行矩阵化配置，设计、成本部门向区域项目部派驻人员，公司对区域项目部下放一定权力，项目总监负责解决区域内的现场问题，若遇

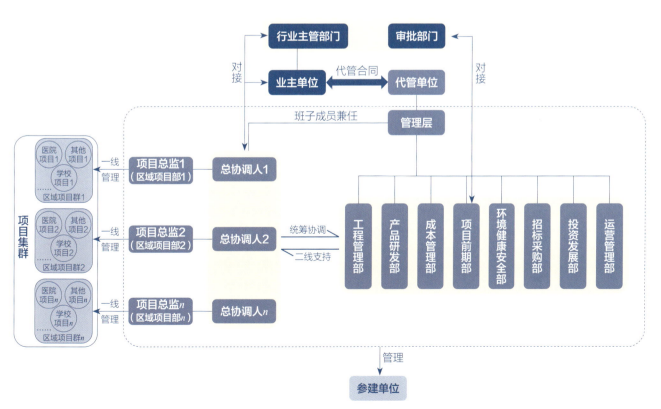

图2.1.4 区域项目部管理阶段组织架构图

到重大协调难题、技术问题再上报公司层面进行解决。通过矩阵式变革公司区域项目部打造成了"一线战斗堡垒"。

2021年8月，公司正式进入矩阵式项目部管理阶段，见图2.1.5。四个区域项目部中的设计经理、成本经理、工程经理分别由产品研发部、成本管理部、工程管理部负责指派，工程管理部的职责从一线部门转为二线技术部门（现场管理工作交由区域项目部负责），负责施工组织方案评审、工程专项导则编制、项目及区域项目部之间工程管理水平的评比；运营管理部负责对项目情况进行总体控制、过程重大事项督办、各项目关键信息协同；产品研发部围绕产品标准、设计管理与设计技术、科研开展工作；成本管理部围绕保障项目投资目标实现开展工作；招标采购部则负责公司招采流程的经办，保障招采过程的独立性、公平性；项目前期部负责代管项目报批报建工作；环境健康安全部负责对各项目的安全文明情况进行全程监督检查，并定期进行考核公示。

此外，管理过程中信息的衰减往往是不可避免的，公司管理层如不能及时准确掌握信息容易造成指挥不当，从而造成执行偏差。公司在前期的项目管理中暴露了一些类似问题，特别是在职能部门管理下，信息都是通过工程管理中心平行和向上传递，其他职能部门不参与现场管理，得到的往往是"二手"信息，沟通效率、管理效率大打折扣。通过组建区域项目部，使得组织结构"扁平化"，相关职能部门的派驻人员都在一线办公，得到的都是"一手"信息，减少了信息衰减。

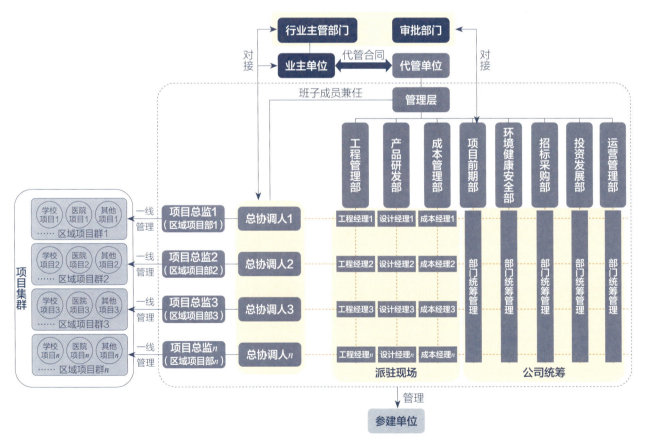

图2.1.5 矩阵式项目部管理阶段组织架构图

2.2 基于人力资源模型的精细化人员配置

组织架构仅是骨架，要让全公司组织体系发挥出战斗力，精细化的人力资源的配置也是必不可少的。

2.2.1 "四阶段"人力资源配置

齐抓共管管理阶段，公司采取职能式组织架构，架构虽精简，但缺少专业化的分工管理、专业技术人员紧缺，后台部门人员占比过高，存在"头重脚轻"的问题。项目上人力资源缺口反馈迟滞，往往是在项目建设过程中出现人员配置不足以后，再由公司经营管理层提出专业技术人员需求，应急式引进技术人员。在这种方式下人力资源向重点项目、紧急项目倾斜，但缺少有效的规划与预测，对需补充的人员数量、质量及未来人才结构方面的考虑不足。

总协调人管理阶段，总协调人具有人力资源配置的建议权，由于总协调人对管理范围内的人员配置情况更为了解和熟悉，因此能更准确地提出人员配置需求。但此阶段的人力资源配置也受总协调人素质及项目管理专业程度影响，各总协调人管理范围之间的人力资源配置往往存在较大差异，均衡性不佳。如何科学合理地配置人力资源满足项目需求仍需进一步解决。在这一阶段，公司补充了20余名专业技术人员。由于所引进人员的过往工作背景不同、管理能力参差不齐，到岗后直接投入项目一线管理工作中去，缺乏培训。针对这一问题，公司组织编制了大量工作导则，用以规范项目管理人员的管理动作。

区域项目部管理阶段，公司采用内部公开竞聘的方式，遴选了一批在一线敢于拼搏、业务能力强的区域项目总监、项目经理，调动了管理人员的积极性，形成了竞争机制，提升了组织活力。在此阶段，区域项目总监负责提出人员配置需求，提高了人力资源使用效率，解决了区域项目部内人力资源分配不均的问题。公司加强了对招聘人才来源的管理，优先聘用具备头部开发企业背景的人才，对人才的素质要求做到了标准统一。本阶段公司市场化引进人才50余名，整体人员规模增加至160余人。

矩阵式项目部管理阶段，各区域提出人员引进需求，公司层面负责汇总审核、统筹配置。如何配置才能真正满足项目需求，保证各项目配置相对均衡，实现与项目建设的不同阶段相匹配，产生更高的管理效能，这一系列问题需要不断深化研究，公司迫切地需要形成一套科学合理且行之有效的人力资源模型及配套管理工具。

2.2.2 模型搭建与人力资源精细化配置

2022年，公司开展了人力资源配置与组织效能提升行动，通过对标国内开展代建业务的头部企业，围绕运营效率类指标进行分析。如表2.2.1所示，国内头部代建企业的人均管理面积为2.14万m^2，2020至2022的3年，海控置业人均管理面积由2.96万m^2降至1.50万m^2，此指标变化说明虽然以项目需求为导向的人才引进可以解决人员缺口问题，但是如果没有科学的测算和预估，也会导致人均管理效能的降低。

公司进一步考虑按照项目管理中各职能比例、

海控置业人均效能指标与国内头部企业均值指标对比　　　　　　　　　　　　　　　　　表2.2.1

年份	海控置业		国内头部企业	
	人均管理面积（万m²）	人均完成投资（亿元/年）	人均管理面积（万m²）	人均完成投资（亿元/年）
2020	2.96	0.29	2.14	0.62
2021	2.16	0.41		
2022	1.50	0.19		

专业结构、项目类型、规模因素配置各专业人员数量。以人均管理项目数、管理面积为依据，配置设计、工程、成本等各专业条线管理人员，从而形成一套适合公司当时发展阶段的人力资源配置模型，见表2.2.2。

人力资源配置模型　　　　　　　　　　　　　　　　　表2.2.2

机构			配置数量
代管项目	项目总监		1人/区域
	项目副总监		1人/区域
	行政助理兼资料员		1人/2~3个项目
	项目经理		1人/项目（可兼专业工程师）
	环境健康安全部		1人/2~3个项目
	报建		1人/2~3个项目
	设计	建筑	1人/1~3个项目
		结构	每专业1人/2~4个项目
		机电	
		精装	
		景观	
	造价	土建	1人/1~3个项目
		机电	1人/2~4个项目
	工程	土建	1人，超30万平方米增配1人
		机电	1人，超30万平方米增配1人
		精装	由工程管理部根据项目阶段统筹
		景观	

人力资源模型设计完成后，公司拉通各区域项目部，盘点存量人力资源，结合各项目建设规模、项目类型，分前期、在建、验收结算三个阶段，梳理各项目指标，参照模型配置标准，测算应配人数、实配人数、缺岗率比例、缺岗专业、缺岗地域、可内部调剂人数、计划招聘人数等具体数据，形成一份可以直观显示管理人员调配情况的动态数据台账，优先对海口以外招聘难度较大以及缺岗率持续偏高的项目调配人员，对于人均管理效能偏低的项目，进行动态提示、跟踪纠偏。

公司出台相应制度，鼓励区域项目部、业务部门管理人员进行跨部门、跨区域流动，特别对于项目管理一线岗位，从职级待遇、补贴保障上给予一定程度倾斜，调动了管理人员投身一线工作的积极性，使得具备一定专业基础的管理人员能够拓宽专业广度、积累更多管理实践经验，设计、工程、成本等业务部门人员可以通过轮岗方式加入项目一线管理，锻炼管理能力，为公司储备管理人才的同时，也给员工提供了更多的发展通道。

经过多次的盘点及测算，公司对各业务部门所需人员数量、配置要求、配置节奏有了更为清晰的认识和判断，更为精准地描画需求人员的岗位特征，更有针对性地进行人力资源规划，从而进一步提升人力资源效率，全力保障项目开发建设的有序推进。2018年至今，公司通过企业内部人才"洄游"、调动、市场化选聘等形式，累计引进专业技术管理人才112人，其中博士研究生1人、硕士研究生39人、本科学历72人，为设计、工程、成本、招采、安全等一线业务部门补充了关键岗位人员，补强了人员配置。

2.3 "全过程"流程再造

过程管理是通过若干细分流程来实施的，在管理目标明确后，过程管理中流程的优化和再造是重点工作，流程既要保证推进过程的高效与准确，也要保证合法合规。流程再造在代管项目中主要分为流程的细分、补强与精简。公司通过对项目管理的全过程进行了通盘梳理，从承接代管任务开始，直到项目交付使用，以问题为导向开展流程再造。

2.3.1 强化目标，进行过程纠偏

代管项目的过程管理是在合法合规的前提下，按既定的建设目标，为确保实施过程中各项执行动作处于相对最优路径上的一种具有实操性的推进和纠偏的管理动作。

代管项目的总体管理目标是在规定的时间内按一定的要求完成项目建设，管理目标可以具体分解为投资目标、质量目标、进度目标、成本目标、安全目标等子项。承接代管项目后，由项目总监负责组织项目部围绕项目总体目标进行目标分解，制定投资、质量、进度、成本等子项目标，确定里程碑节点，作为目标控制的关键点。项目总监负责编制项目计划报告并提交公司审定，项目计划经公司审定后须严格执行，真正实现了"目标明确、挂图作战"，目标分解管理流程如图2.3.1所示。运营管理部负责计划信息的收集、上报，每季度进行项目计划执行考核，并根据完成情况指导项目总监对项目计划进行纠偏。

代管项目的核心管理目标是投资目标，在前期阶段由工程管理中心负责统计，统计重点集中在施工完成的产值上，数据的全面性、准确性、及时性往往不能令人满意。流程再造后，由运营管理部统筹，项目总监具体负责统计工作。由于设计、工程、成本等人员常驻项目部，统计数据可以全面及时地反馈上来，公司可以准确掌握全口径统计数据，并根据投资指标对项目进度进行纠偏，投资数据统计流程如图2.3.2所示。

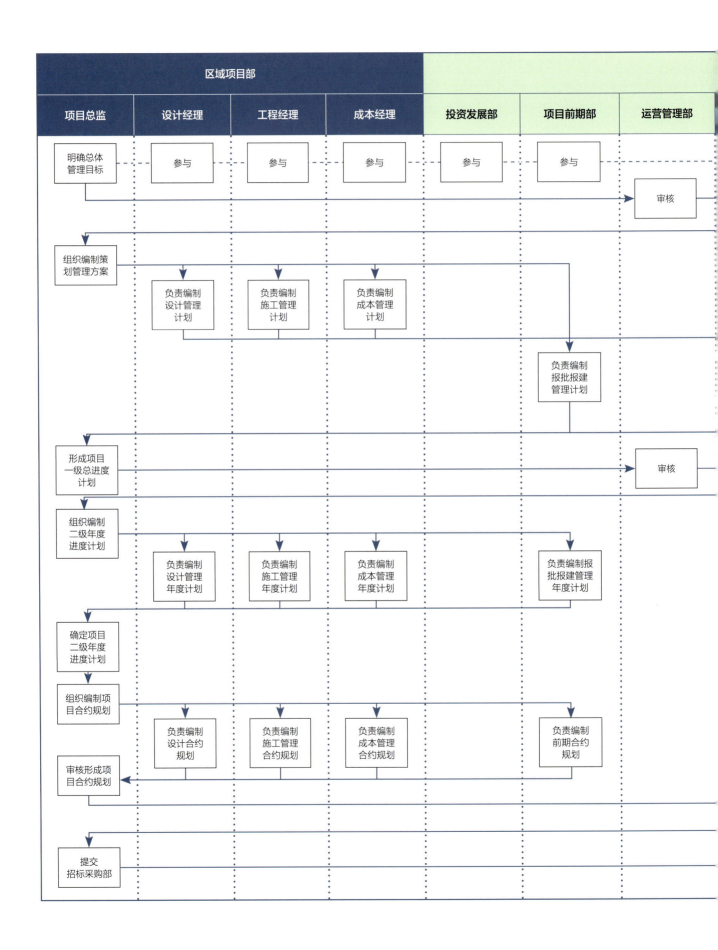

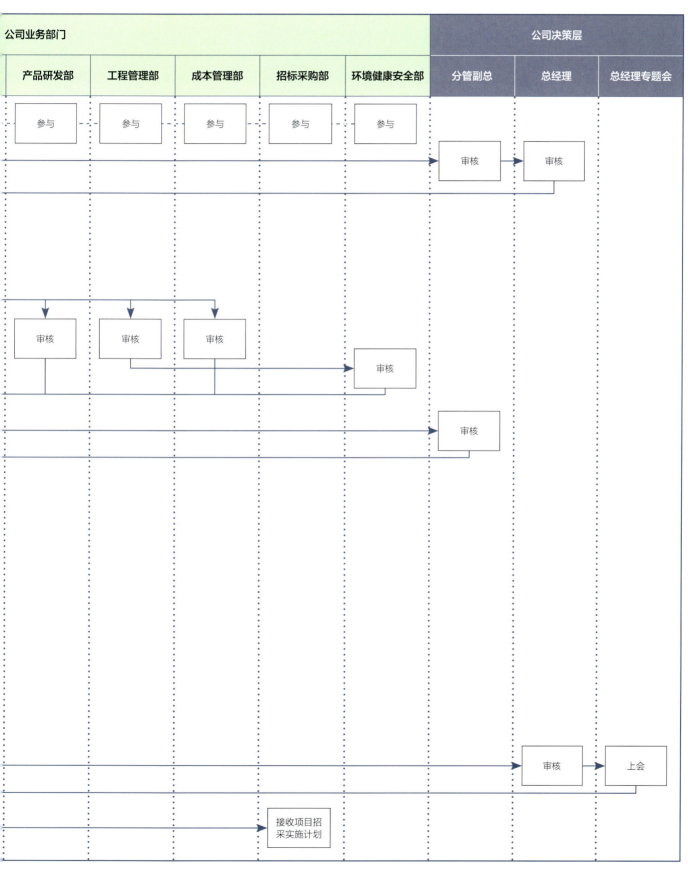

图2.3.1 目标分解管理流程

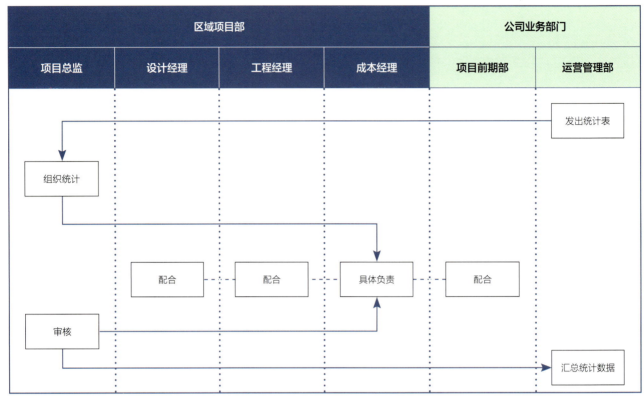

图2.3.2 投资数据统计流程

2.3.2 细分流程，提升管理精度

通过流程细分来保障管理动作始终处于正确、规范的路径上。将内部流程按实施阶段划分为策划与准备阶段、设计阶段、招标采购阶段、施工阶段、后评估阶段5个阶段，再对每个阶段的管理流程进行分解，形成了近30项管理操作流程。

（1）策划与准备阶段

收到代管项目相关信息后，公司组织相关部门进行综合研判，从项目代管范围、起始阶段、可研审批、资金落实、土地规划手续办理情况等多方面进行评估，作为公司评定是否参与代管项目投标的参考依据，见图2.3.3。承接代管项目后，公司立即成立项目部，由运营管理部提出项目总监建议人选，经公司管理层审批后，由项目总监负责组建项目部，提出设计、成本、工程经理人选，公司业务部门负责指派相应人员进入项目部并接受项目总监领导，见图2.3.4。

（2）设计阶段

以方案、初步设计、施工图、深化设计、专项设计为节点，形成了各设计阶段全覆盖的管理流程，项目管理人员遵照流程开展设计管理工作，见图2.3.5～图2.3.9。

（3）招标采购阶段

按照合约规划，由项目部发起设计、施工、监理等单位招标需求，提供招标所需基础资料，招标采购部负责编制招标方案，经成本管理部、法务合规部、财务部会审后提交公司招标方案审核小组审核，后经总经理专题会审议通过后开展招标工作，见图2.3.10。

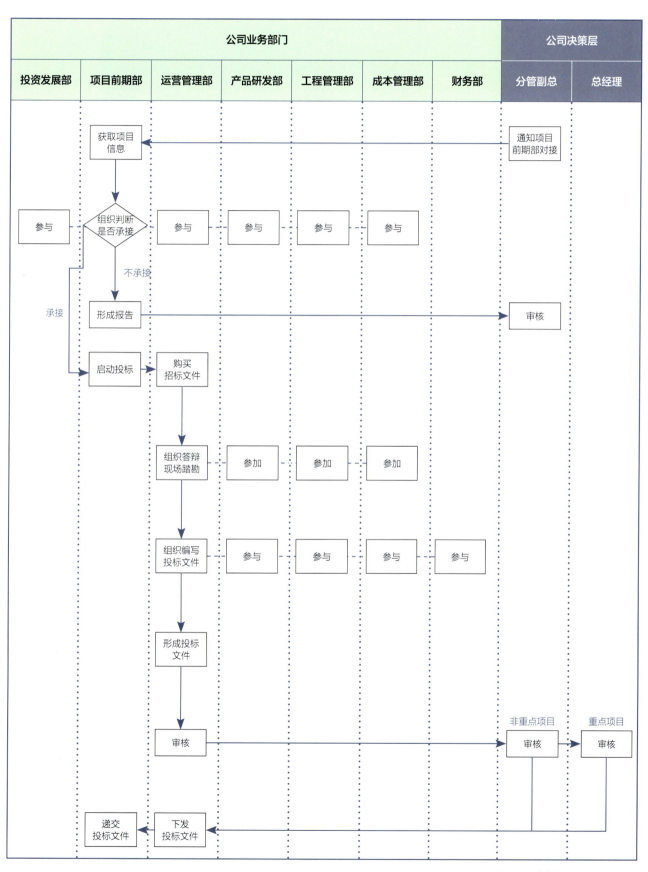

图2.3.3 代管项目投标管理流程

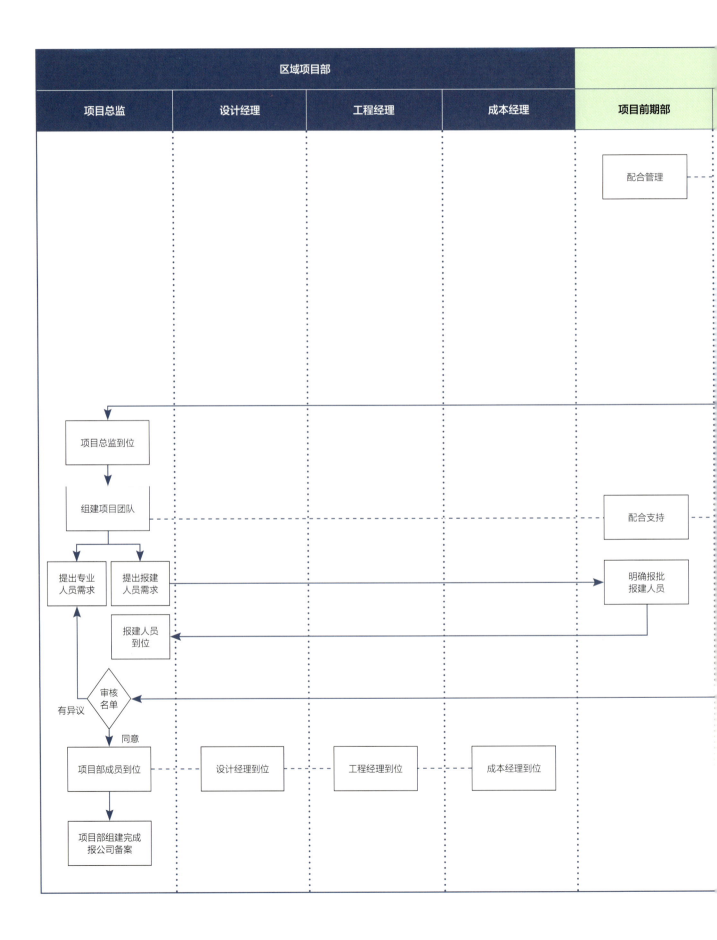

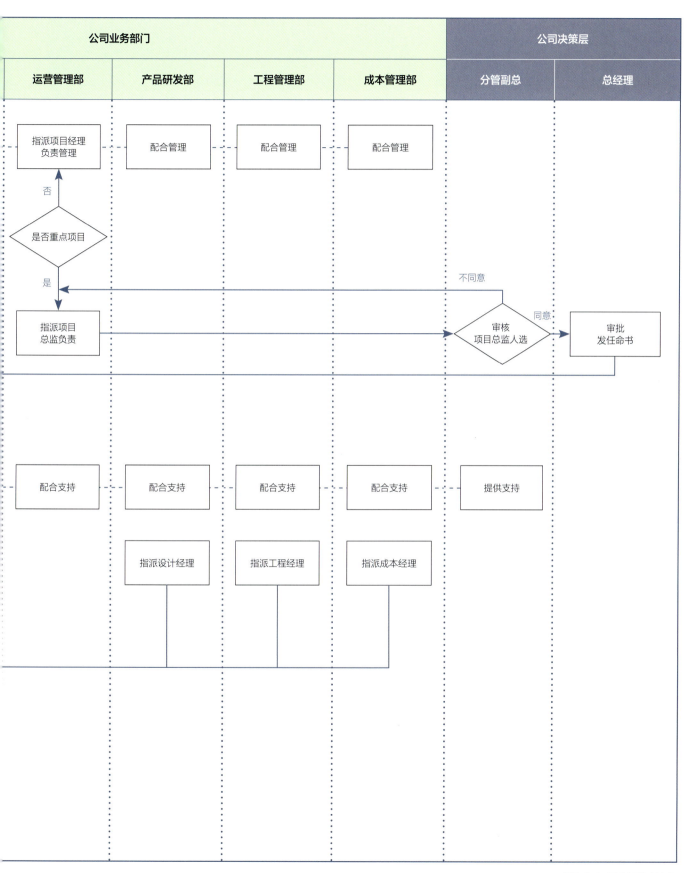

图2.3.4 项目部组建流程

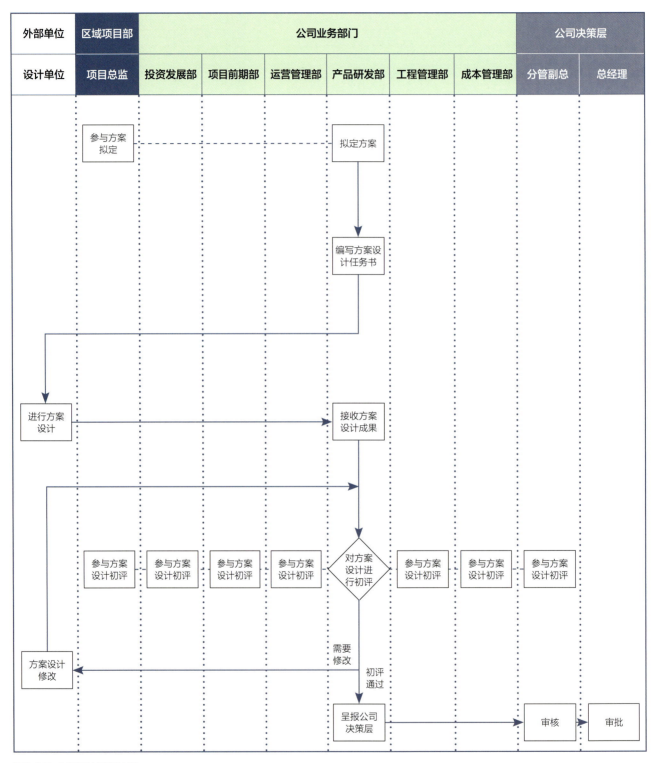

图2.3.5 方案设计管理流程

在工程招标阶段，有时存在工程外部条件不明确（比如市政配套条件未确定），无法准确计算工程量的情况；或者由于设计推进的阶段性特点，招标阶段虽然完成了建筑主体设计，但精装、景观、智能化等专项设计往往未完全稳定，造成招标清单编制时部分分项工程量不准确的问题。为实现成本目标，公司制定了模拟清单管理流程，项目部按照获批的概算指标对未确定的分项工程方案进行深入研究，设计经理提供经产品研发部审核后的初步方案和技术条件，工程经理根据施工现场实际情况提供实施意见，成本经理负责汇总并编制模拟清单，报成本管理部审核，经公司批准后开展招标。

招标完成后，设计经理需对未完善图纸部分持续深化，成本经理配合进行测算，出具成本控制意见，保障施工图设计控制在概算内。成本经理组织造价咨询单位审核施工单位提交的重计量预算，充分分析超概风险点并提出风险化解方案，对造价指标的偏离进行纠偏实现概算可控，见图2.3.11。

（4）施工阶段

设计变更是引起施工阶段成本增加、产生超概风险的重要因素。然而，实际管理中引起设计变更的原因是多方面的，有项目业主提出的功能性变更，有设计单位因错漏碰缺产生的变更，也有施工单位为了施工便捷或节约造价提出的变更。为此，公司制定了设计变更管理流程，强调以"先审批、后执行"为根本原则，将设计变更按照使用功能、造价增加、工期影响的程度进行重要性分级，按照分级进行处理，见图2.3.12～图2.3.14。

项目推进过程中，业主单位需要对项目资金计划落实和预算执行情况进行监督，确保投资计划达成，资金按时足额支付给项目实施单位。此外，竣工结算工作耗时较长，如果结算工作全部在竣工后进行，效率往往不高。为此，公司制定了施工过程结算管理流程，依据合同约定的结算周期，对已完工程进行分部分项结算，过程结算作为竣工结算文件的组成部分，不再重复审核。施工单位提供相应阶段的验收合格报告等过程资料，经监理单位审核后提交区域项目部，由成本经理牵头进行审核后提交公司审批。与常规进度款支付相比，施工过程结算方式可将支付比例由85%提高至90%，一方面保障了施工单位的工程款支付，特别是有利于进城务工人员工资的保障，另一方面也为后续竣工结算工作效率提高做好了铺垫工作。

工程竣工验收往往存在信息收集不准确、不完善，验收过程时间紧，验收标准存在主观性和模糊性，以及验收结果整改监督不到位的情况。为规范验收操作，明确验收工作中各相关单位职责，公司制定了竣工验收管理流程，见图2.3.15。

（5）后评估阶段

公司制定了项目后评估流程，见图2.3.16，项目完成交付后，从设计、工程、报建、成本、招采、安全等方面进行全口径复盘，评估管理过程中的优点和待改进问题。

前期对供应商的管理往往注重把好入库关，而对其履约评价与服务情况缺少相关的流程支撑，容易形成"进来出不去"的局面。通过流程细分，建立供应商评估流程，解决了此问题，见图2.3.17。

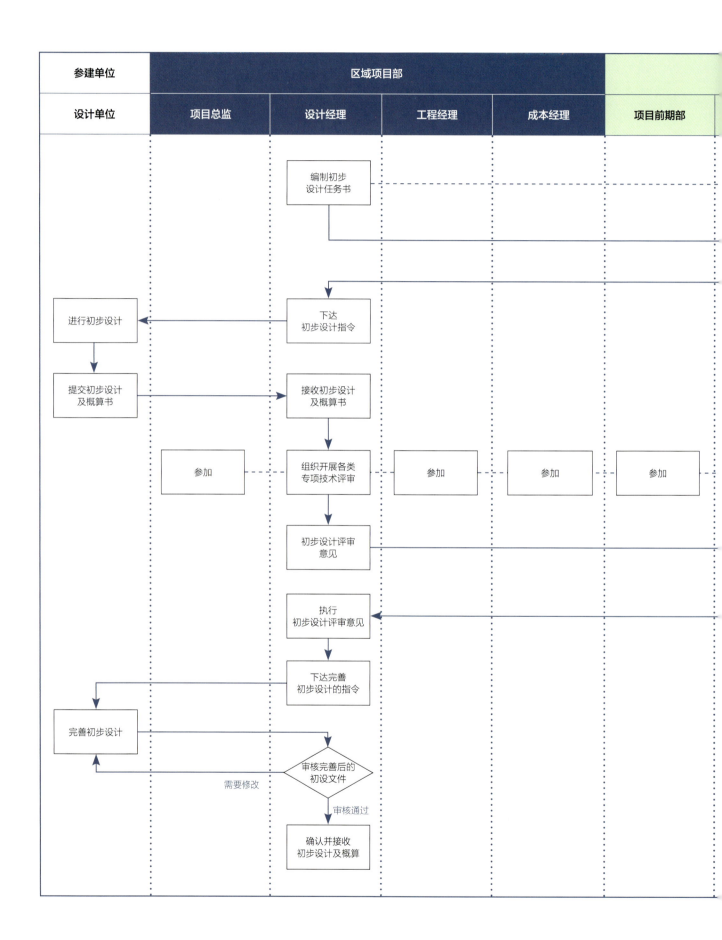

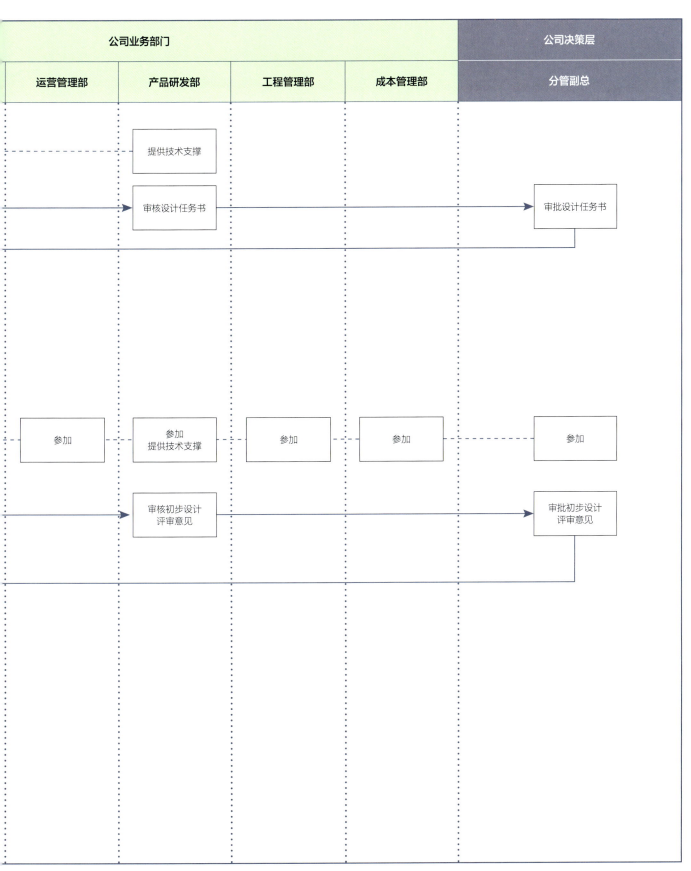

图2.3.6 初步设计管理流程

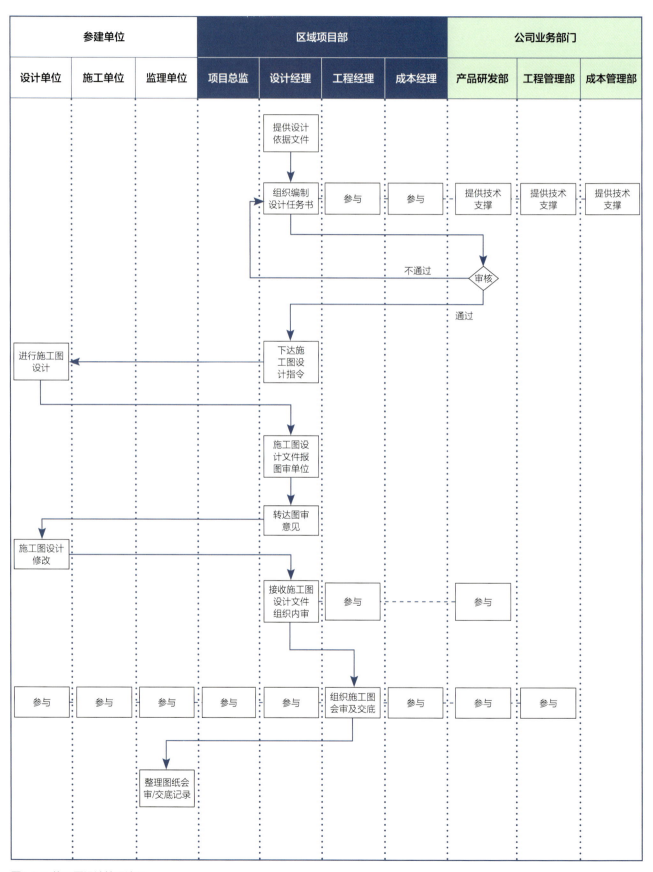

图2.3.7 施工图设计管理流程

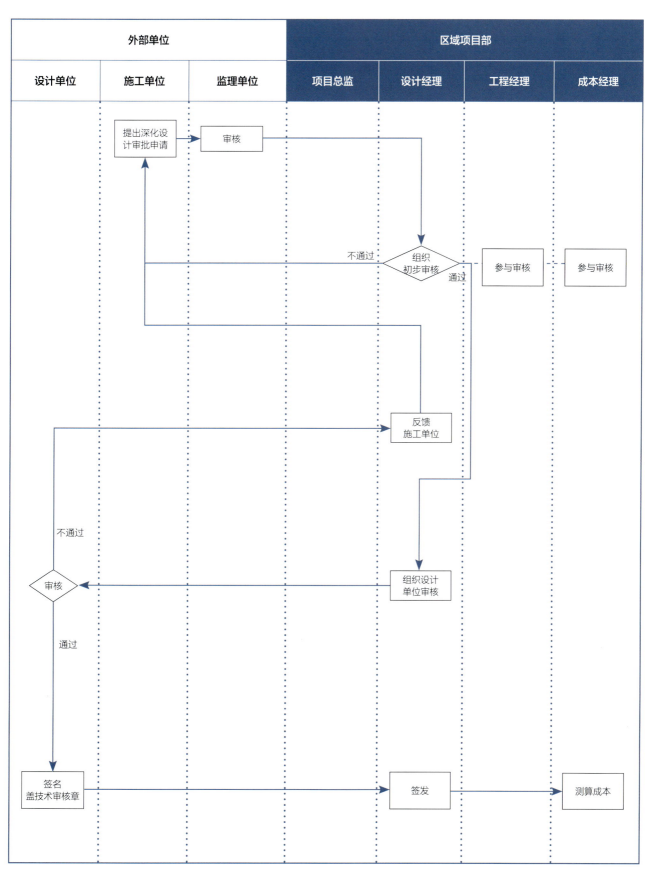

图2.3.8 施工图深化设计管理流程

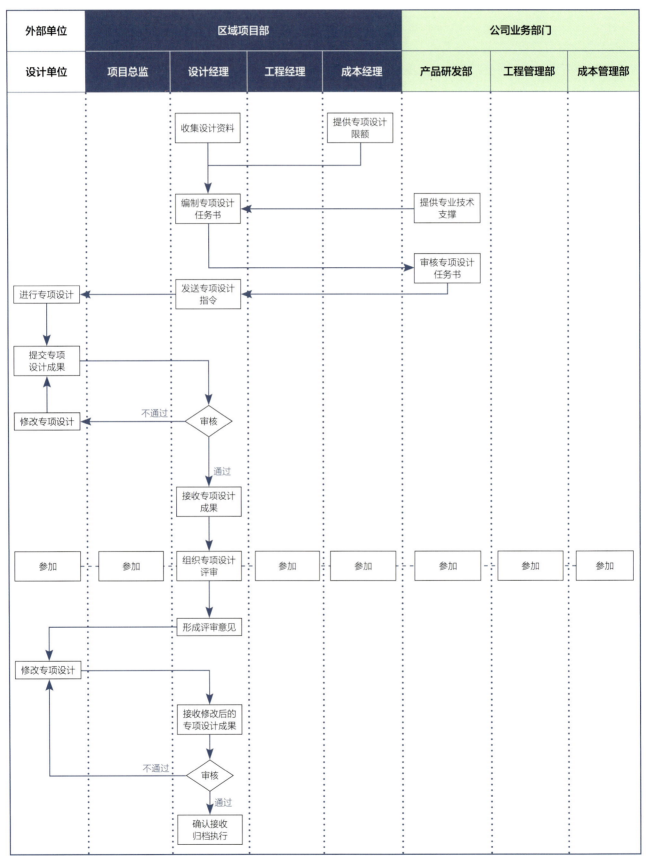

图2.3.9 专项设计管理流程

2.3.3 补强流程,紧盯关键环节

(1)补充设计方案比选流程

设计方案管控方面,完善了方案征集比选工作流程,借助公司优质的"设计生态圈",发挥外部设计单位和设计管理团队"强强联手"的优势,建立了医疗、教育、住宅、消防、信息化等优质专家库及设计大师资源库。通过组织概念性方案比选,邀请行业专家及设计大师组织评审,确保设计团队的能力与项目匹配,符合业主需求,见图2.3.18。

(2)强化施工图设计及预算审查流程

在加强各设计阶段管理的同时,还要对设计成果的质量进行把控,见图2.3.19。除了常规施工图强制审查以外,通过产品研发部内部成立专业骨干小组对设计成果进行内审;对于重大项目,积极引入第三方顾问对设计的技术经济性进行设计优化;对于需要技术攻关或存在重大技术难点的项目,还需借助省内外行业专家资源为设计把关。

一方面,为实现快开工、早开工,完成政府投资预算目标,代管项目往往采用EPC方式进行工程招标,由中标的承包商负责施工图设计和施工图预算编制。承包商在具体工作中,有时会从自身利益出发设计施工图及编制施工图预算,造成预算指标与批复的概算指标存在差异,影响概算控制。另一方面,由于承接代管的起始点不同,有的项目承接前业主单位已经完成了招标图和工程量清单编制,公司承接后才出具正式施工图,前后的图纸和清单往往存在差异,容易形成超概隐患。为解决上述问题,通过流程再造,制定了施工图预算审核流程,见图2.3.20。对于承包商上报的施工图预算,根据行业相关定额标准对标市场价格进行审核,并规定上报及审核时限,有助于预算不超概算的成本目标达成。对于业主方编制清单的情况,交接时,公司进行清单审核,实现无缝交接、责任明晰,对成本预警、控制概算起到了关键作用。

(3)补充初设概算审核流程

成本管控方面,代管项目的红线是获批的初步设计概算,如何科学合理地编制和审核初设概算,使得项目既能按照市场化原则开展后期的采购招标,又能顺利通过政府主管部门的审批是重中之重。公司制定了初设概算编制及审核流程,见图2.3.21,将获批的项目概算作为目标成本,自上而下逐级分解,确定单个合同上限金额。通过目标成本管理实现对成本工作的事前、事中、事后管控。

2.3.4 精简流程,提高管理效率

项目管理中还需要考虑提质增效的问题、项目部与业务部门流程衔接的问题、项目管理与公司流程衔接的问题,这就需要在流程再造中考虑流程精简与合并。在代管业务初期,项目管理流程基本上是"击鼓传花"的方式,流程由工程管理中心发起,再逐个到设计、成本等业务部门,部门流程结束后再到公司流程,这种串联式的流程显然效率不高。通过流程再造,项目部成为发起者,流程直接进入公司各业务部门流转,形成并联式流程,提高了效率。

代管项目中涉及的一些咨询服务类供应商,其合同金额往往很小,比如白蚁防治、水土保持、房产测绘、设计优化等单位。按照公司招采制度,此类单位需要在每个项目中进行一次采购,影响项目推进效率,也增加招采的重复工作。针对此类情况,公司制定了战略采购流程,开展集约化采购,避免重复工作,见图2.3.22。库内供应商均可参加战略采购,公司对战略采购结果进行排序,供应商在战略采购有效期内依照次序获得优先承接资格。

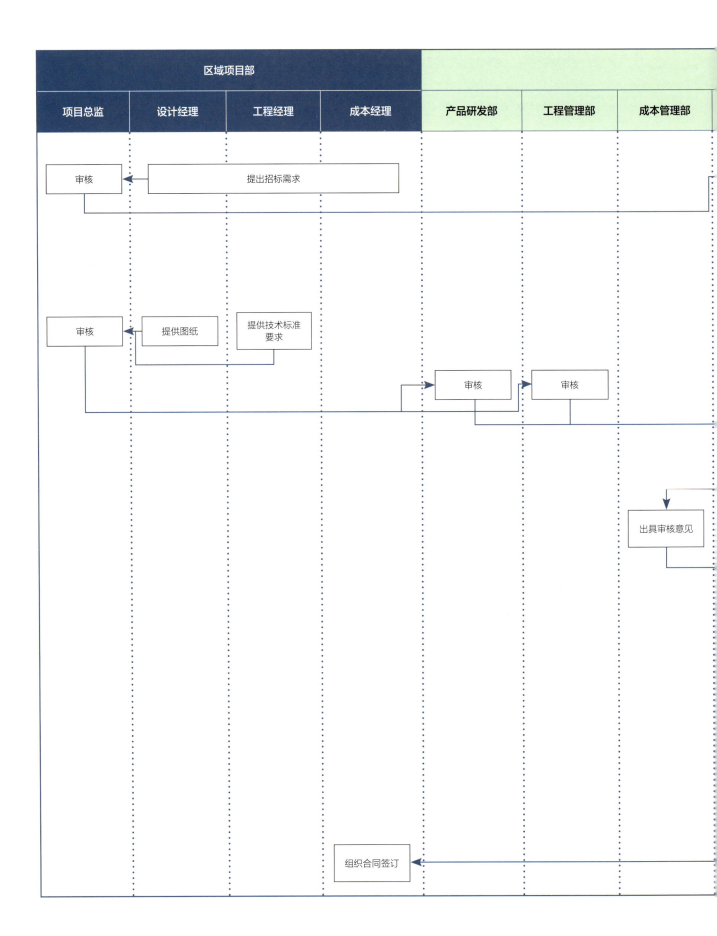

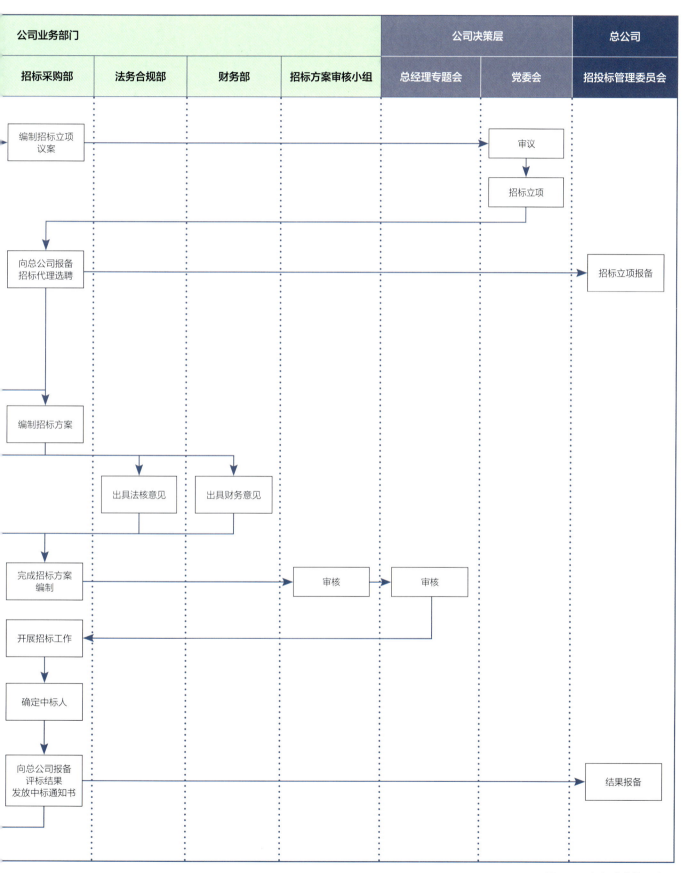

图2.3.10 招标方案管理流程

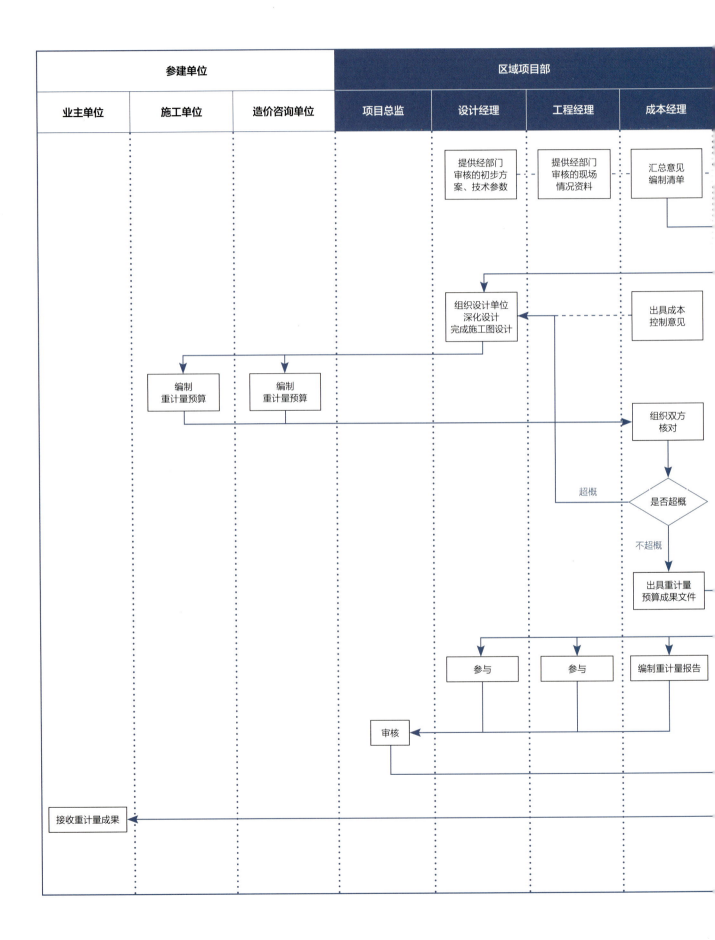

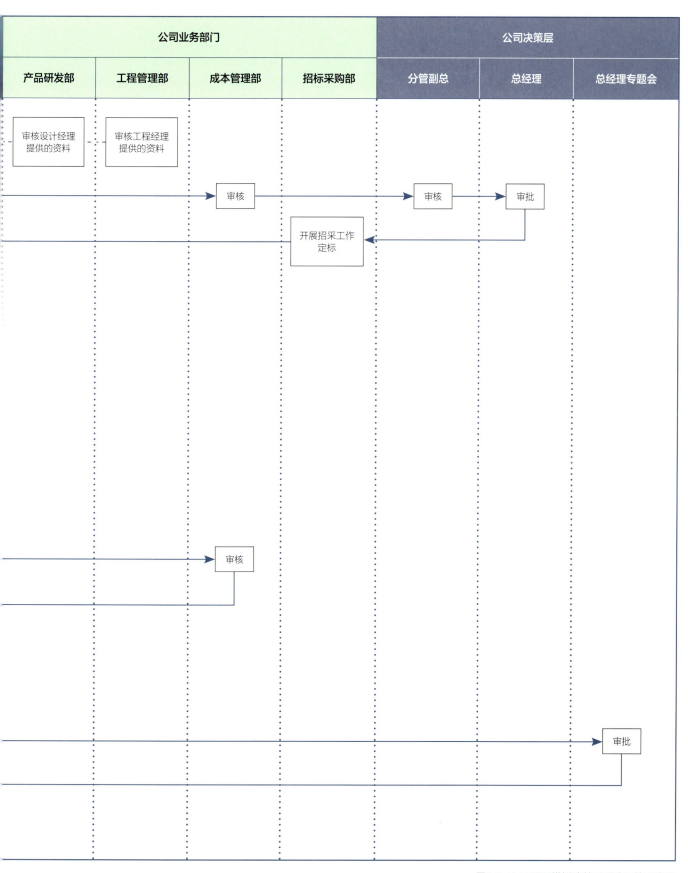

图2.3.11 工程量模拟清单及重计量管理流程

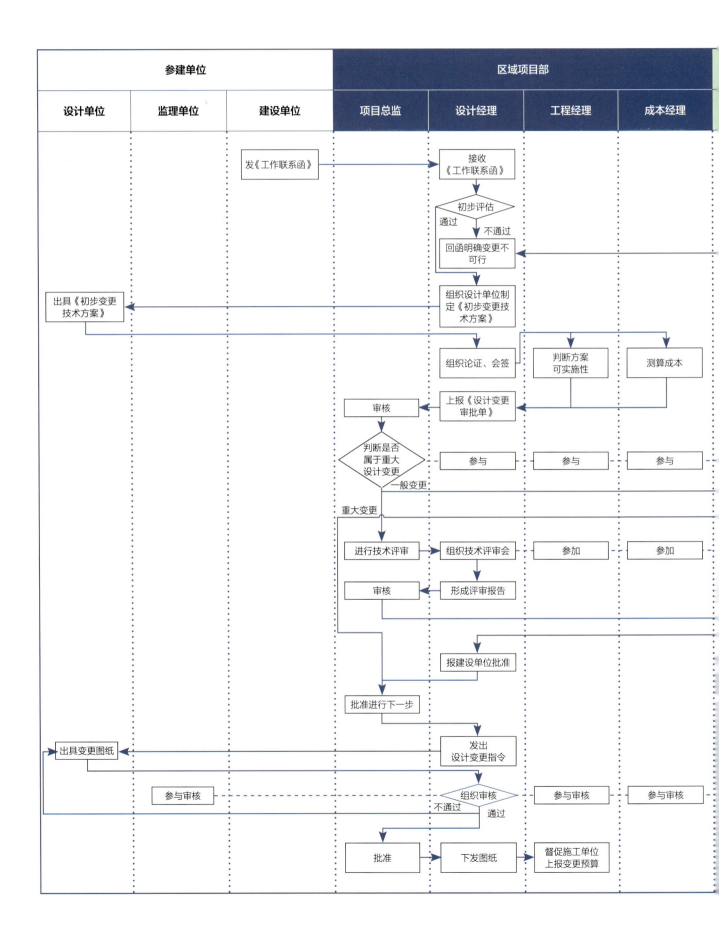

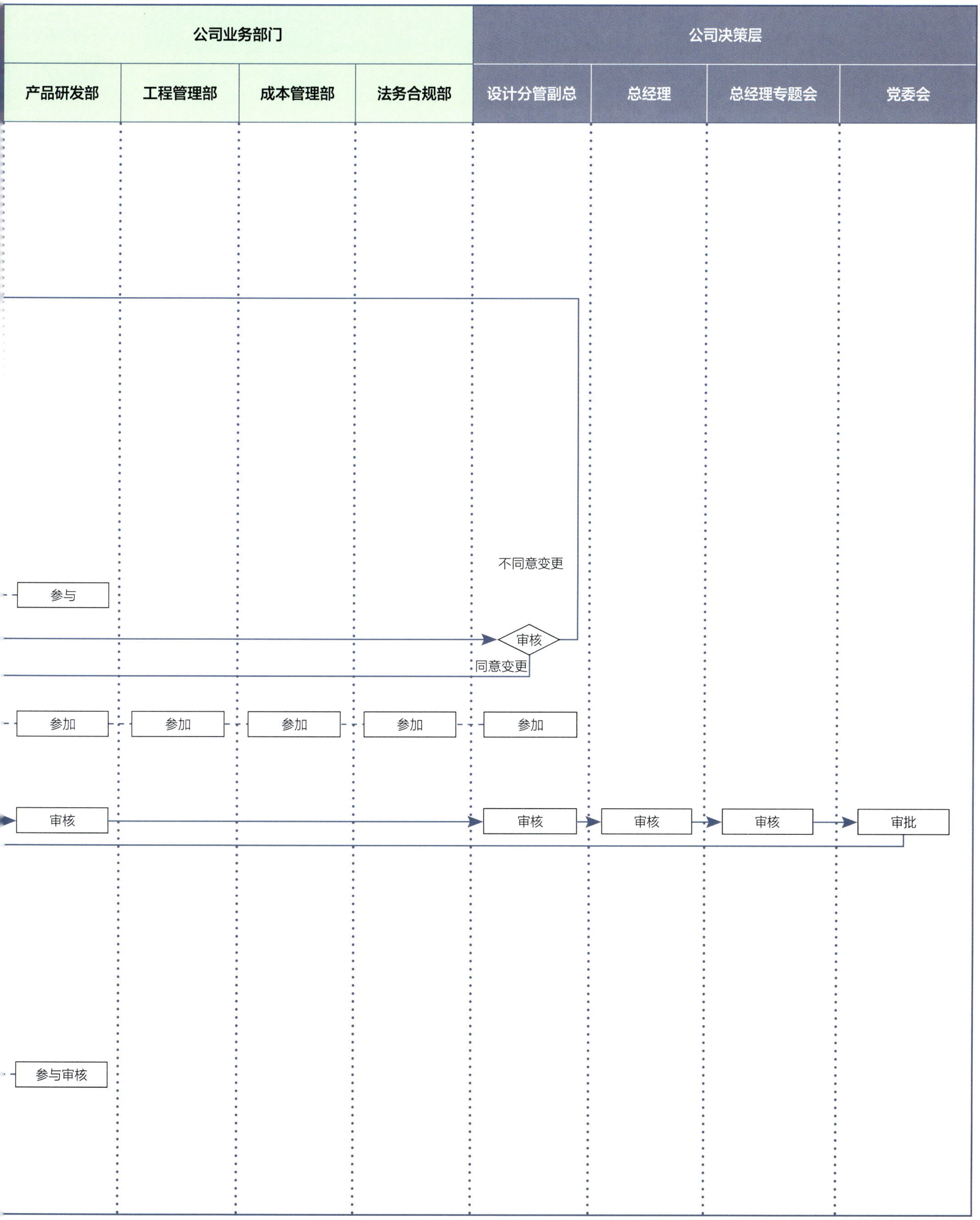

公司业务部门				公司决策层			
产品研发部	工程管理部	成本管理部	法务合规部	设计分管副总	总经理	总经理专题会	党委会

不同意变更

审核

同意变更

参与

参加 — 参加 — 参加 — 参加 — 参加

审核 → 审核 → 审核 → 审核 → 审批

参与审核

图2.3.12 业主单位发起设计变更的管理流程

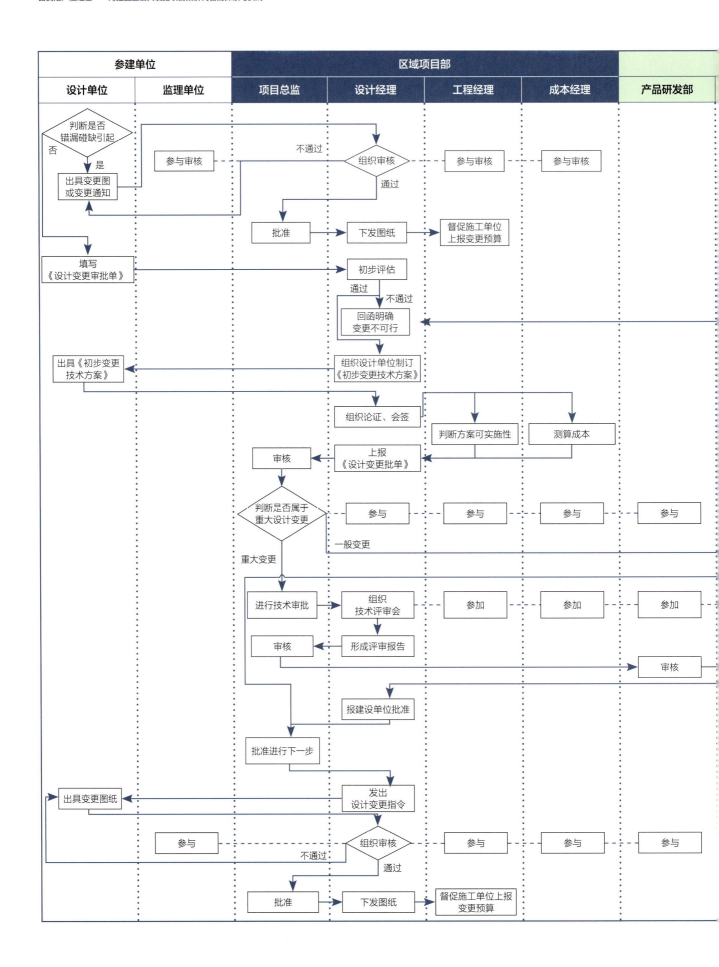

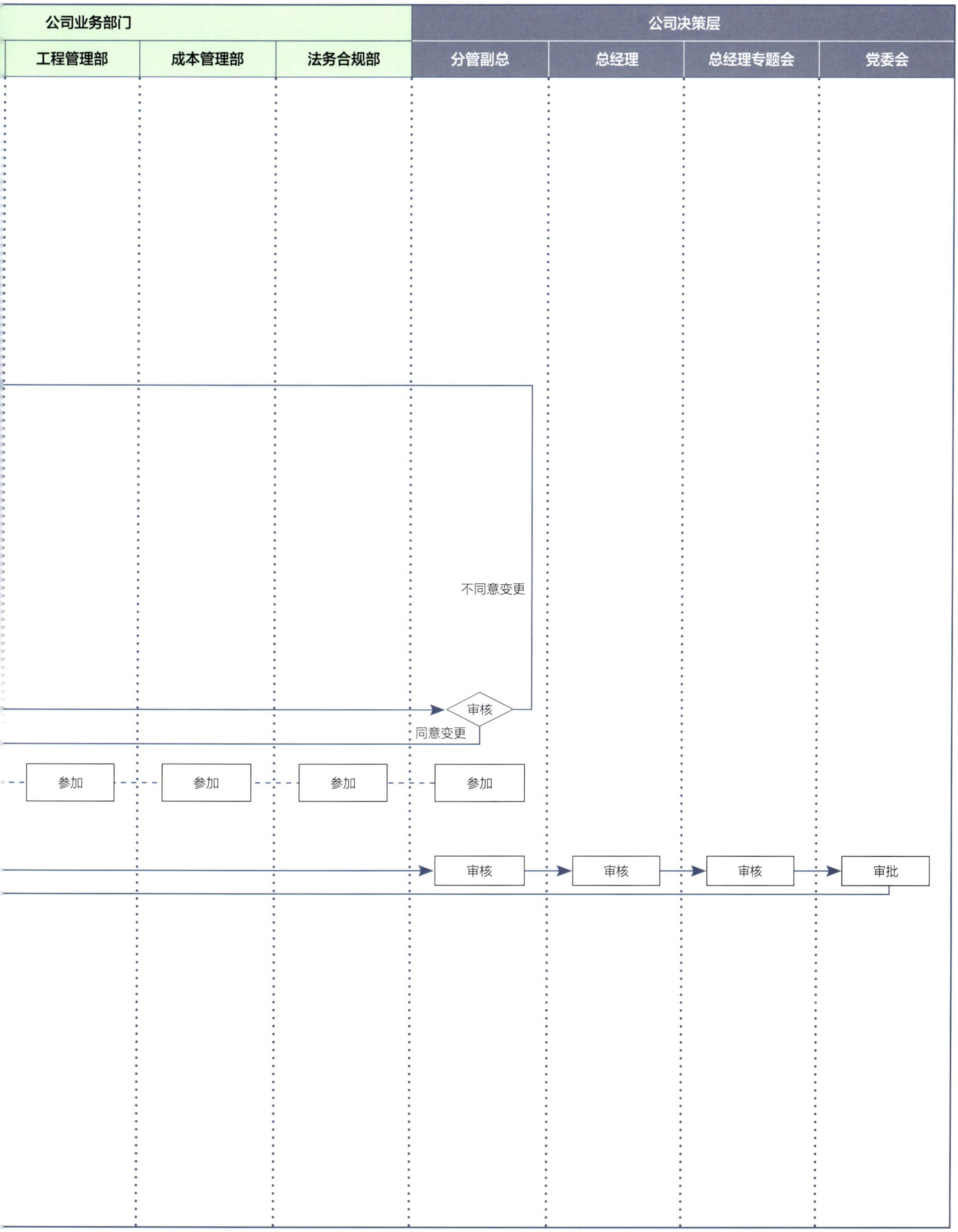

公司业务部门			公司决策层				
工程管理部	成本管理部	法务合规部	分管副总	总经理	总经理专题会	党委会	

（流程图）

不同意变更 / 同意变更 / 审核 / 参加 / 参加 / 参加 / 参加 / 审核 / 审核 / 审核 / 审批

图2.3.13 设计单位发起设计变更的管理流程

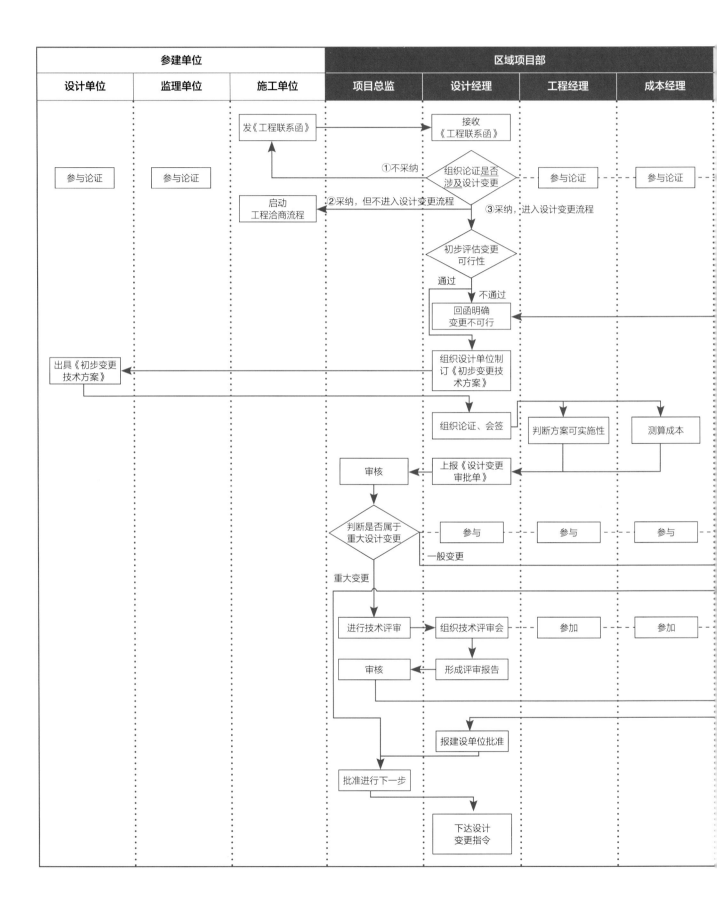

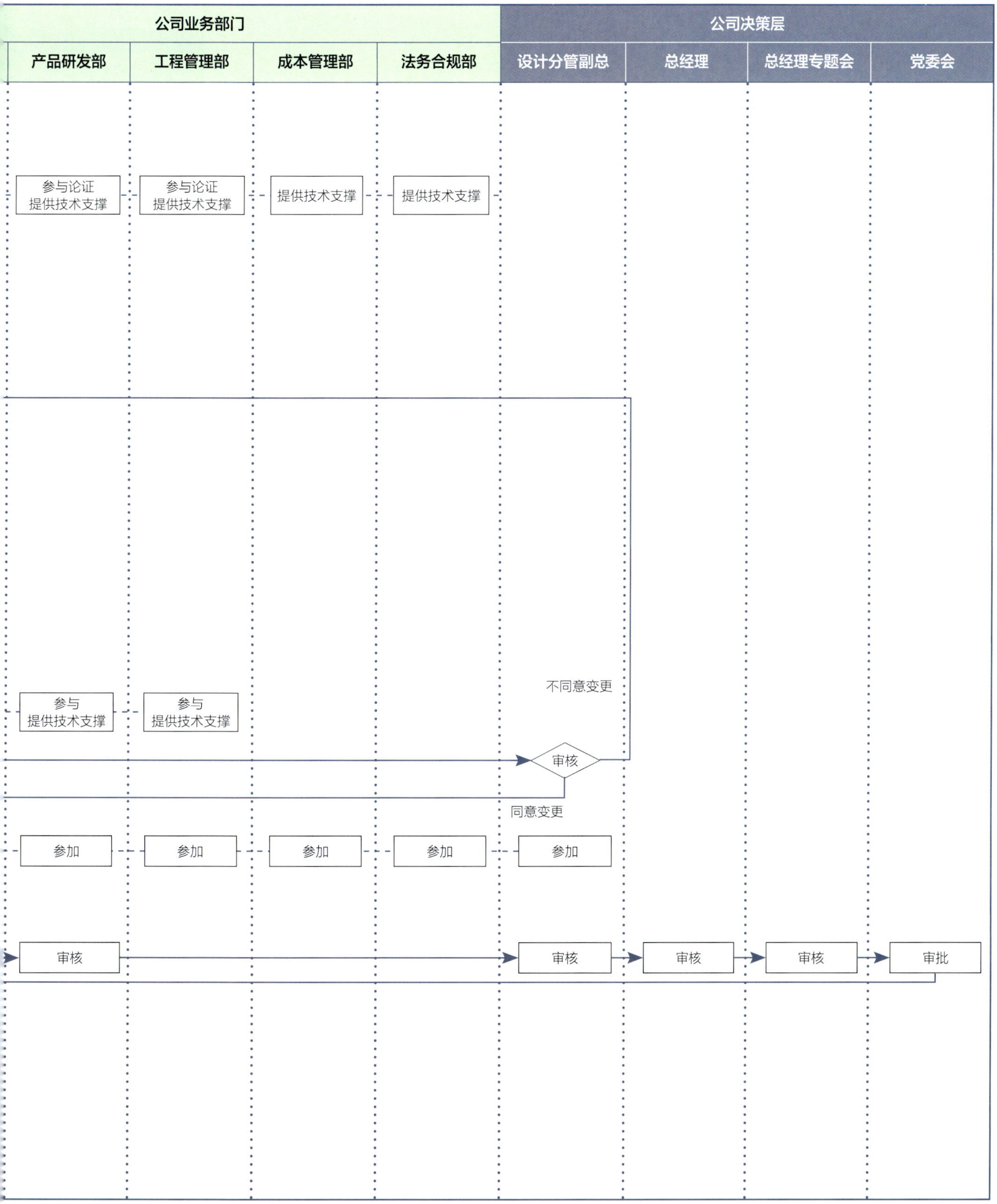

公司业务部门				公司决策层			
产品研发部	工程管理部	成本管理部	法务合规部	设计分管副总	总经理	总经理专题会	党委会

| 参与论证 提供技术支撑 | 参与论证 提供技术支撑 | 提供技术支撑 | 提供技术支撑 | | | | |

| 参与 提供技术支撑 | 参与 提供技术支撑 | | | 审核（不同意变更 / 同意变更） | | | |

| 参加 | 参加 | 参加 | 参加 | 参加 | | | |

| 审核 | | | | 审核 | 审核 | 审核 | 审批 |

图2.3.14 施工单位发起设计变更的管理流程

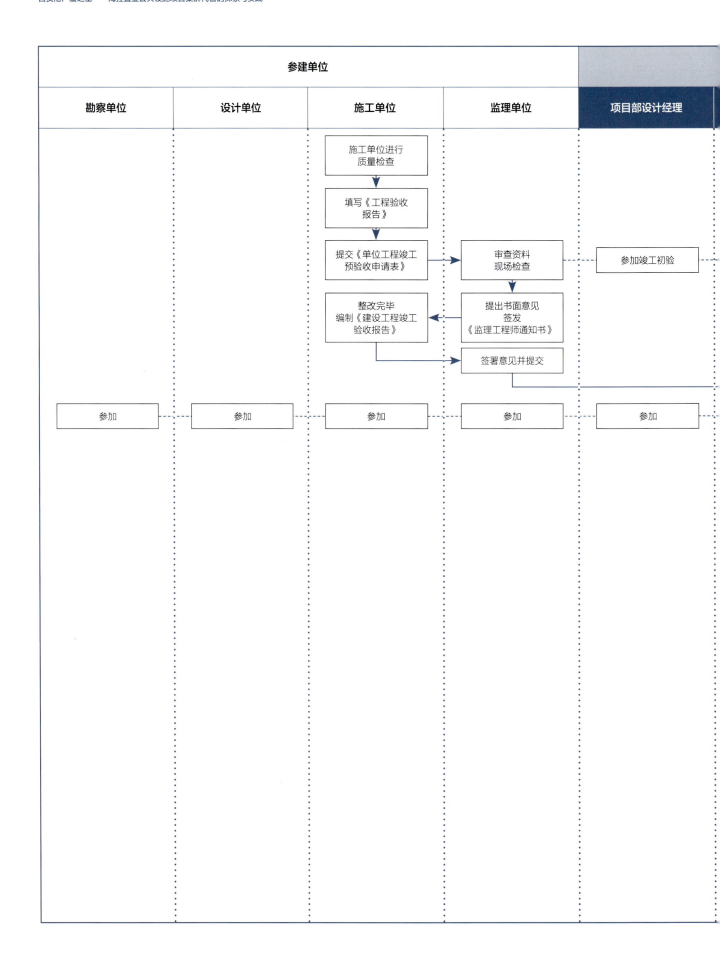

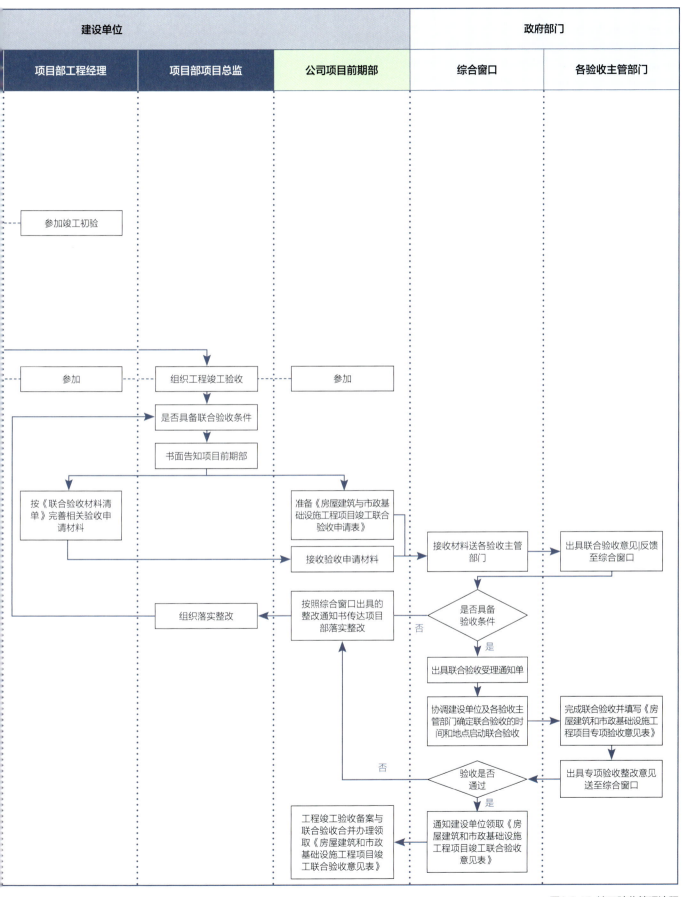

图2.3.15 竣工验收管理流程

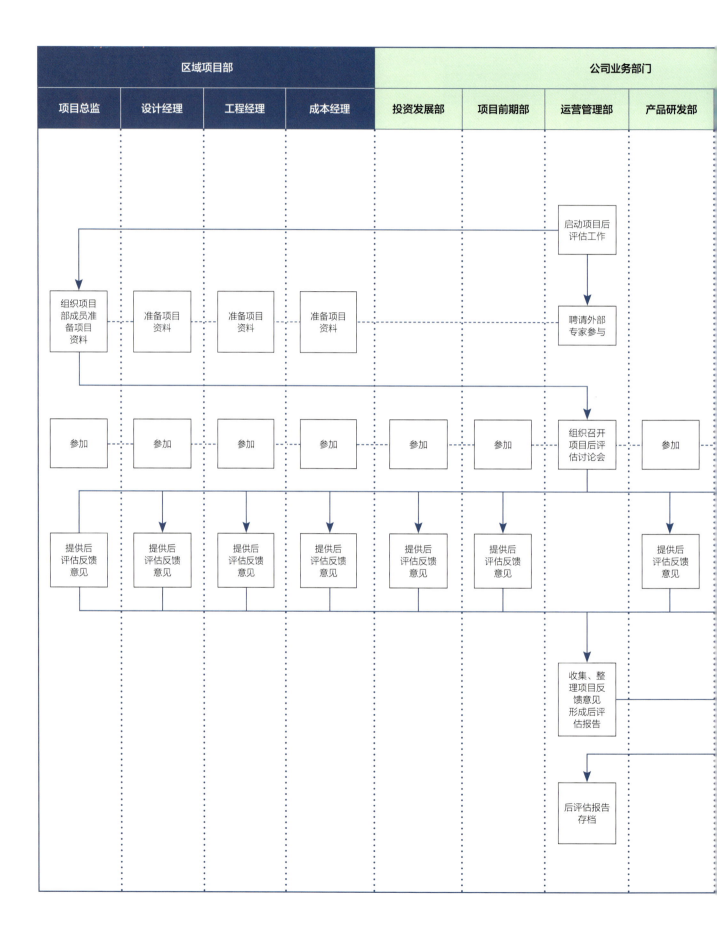

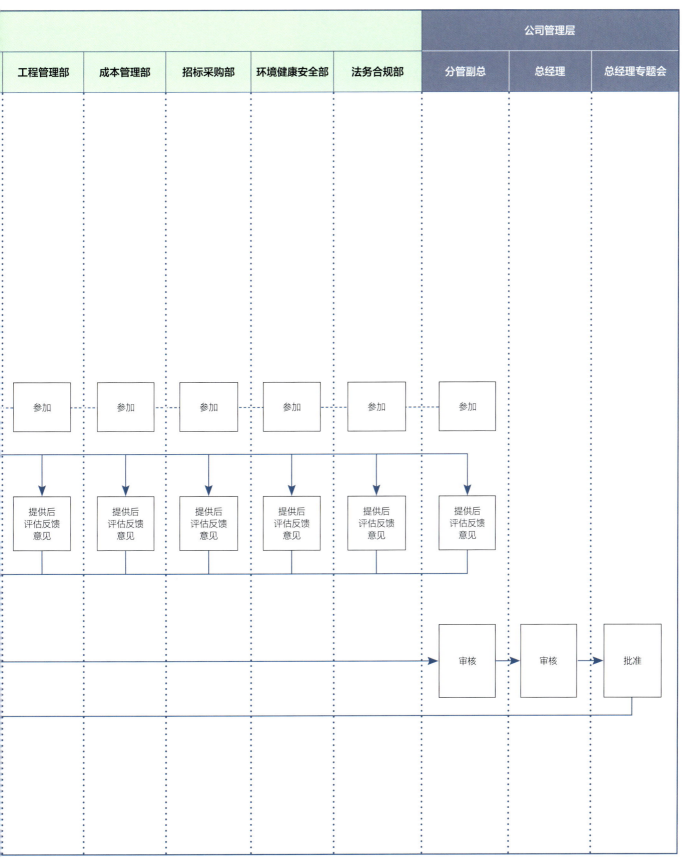

图2.3.16 项目后评估流程

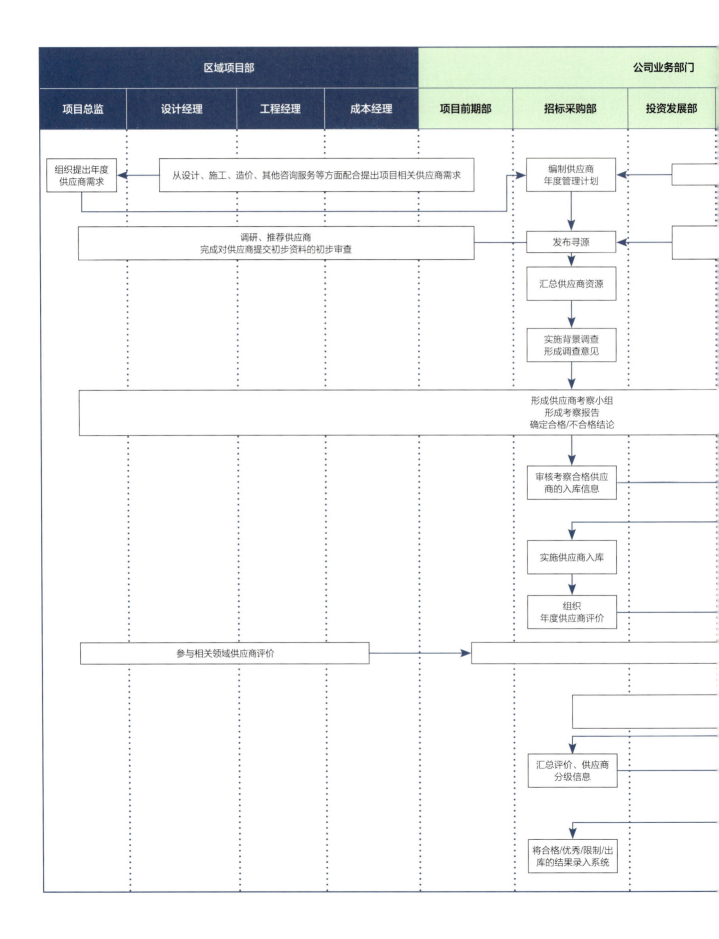

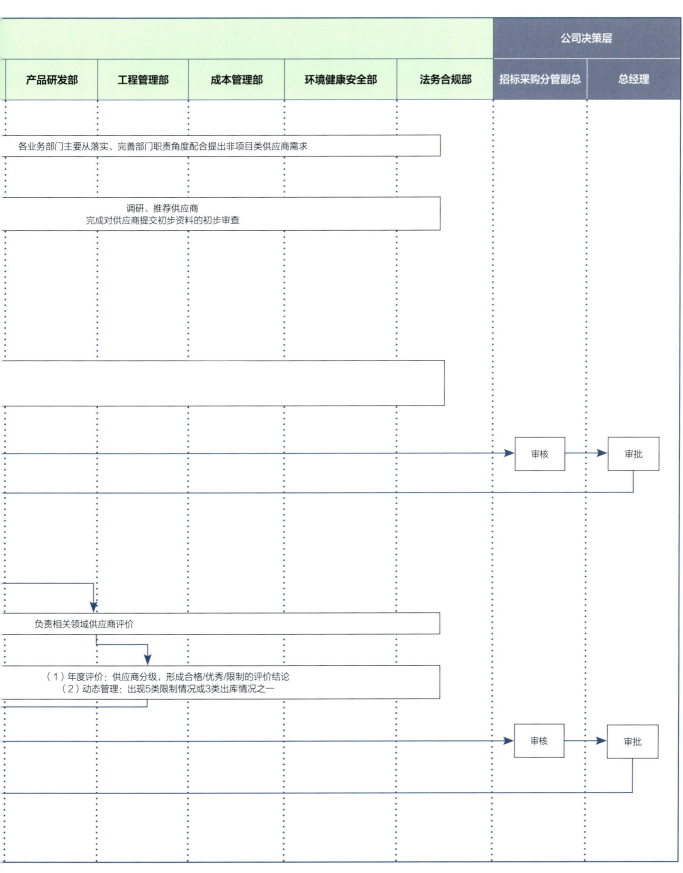

图2.3.17 供应商评估流程

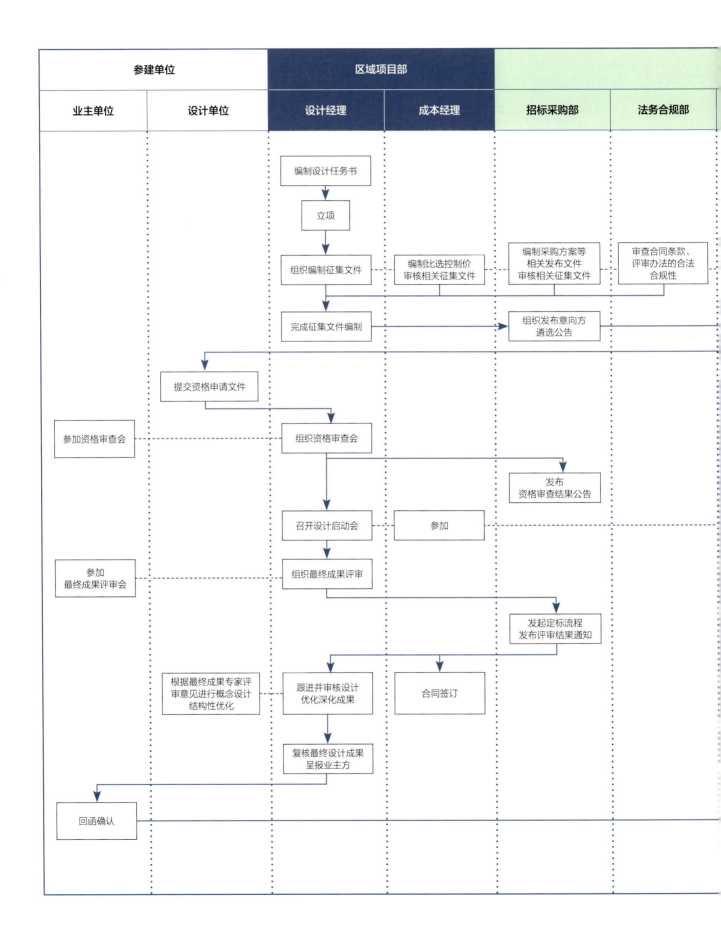

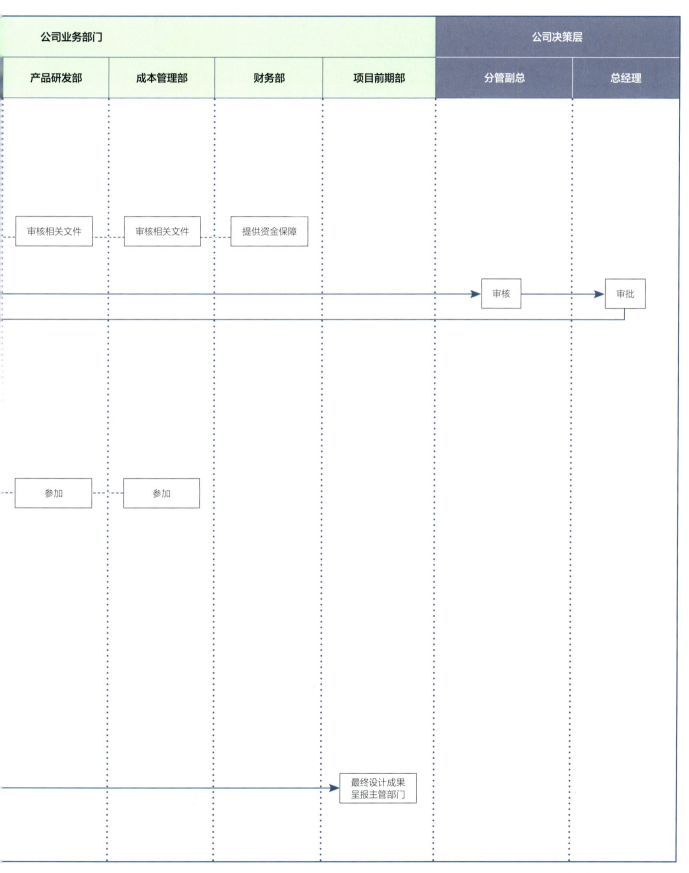

图2.3.18 设计方案征集比选管理流程

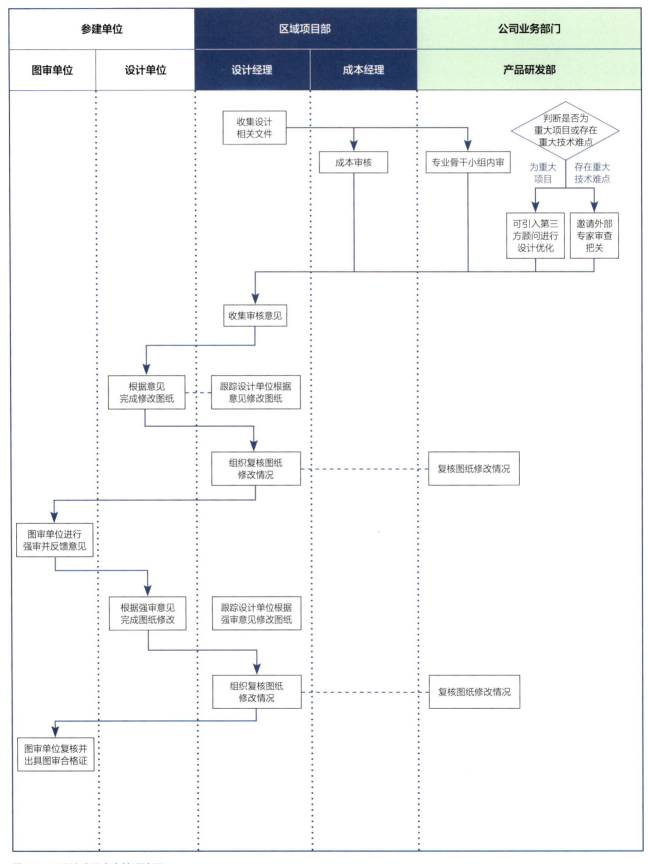

图2.3.19 设计成果审查管理流程

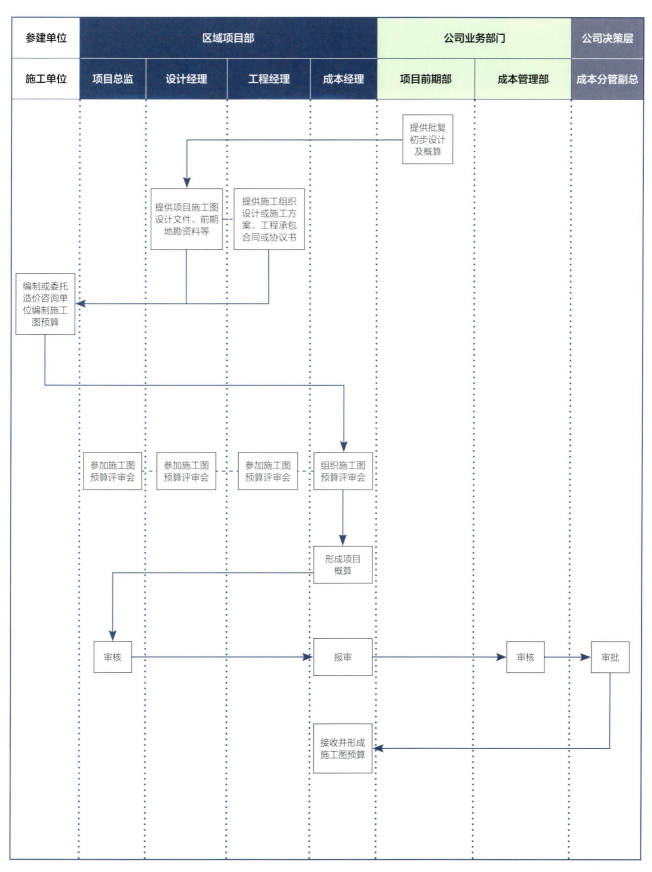

图2.3.20 施工图预算审核流程

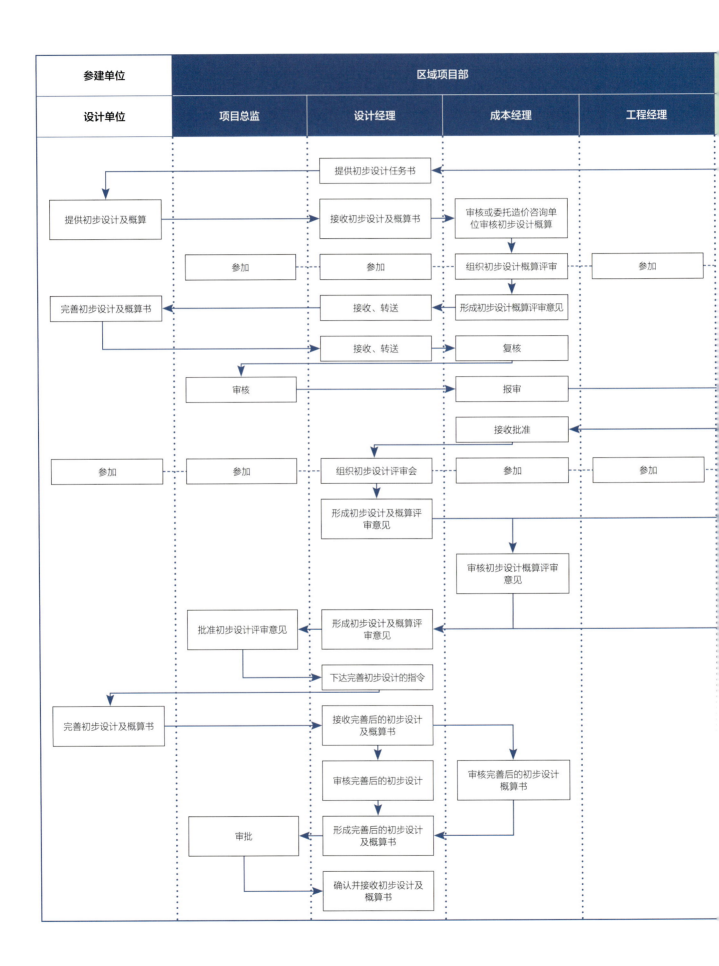

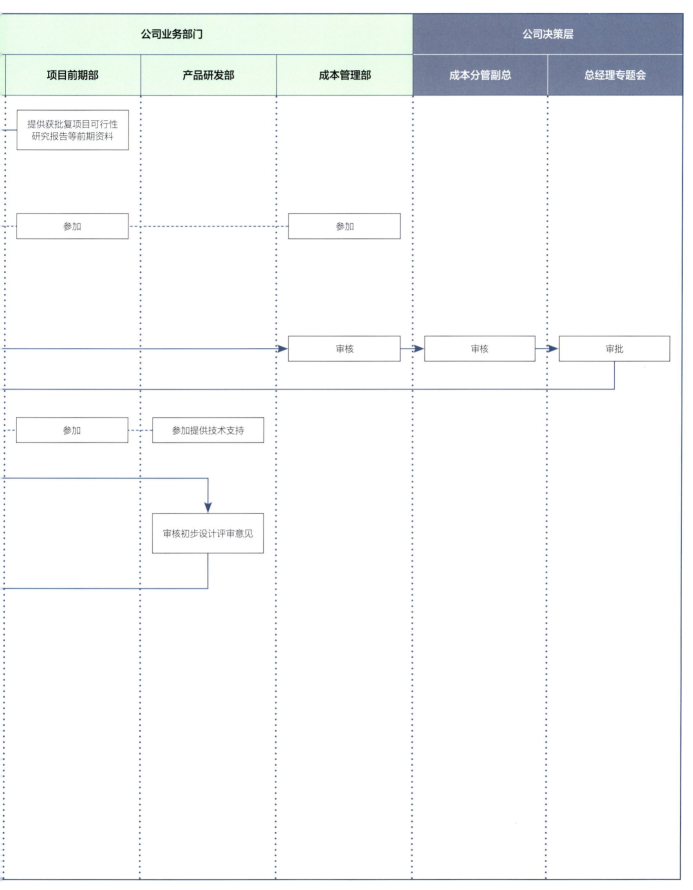

图2.3.21 初步设计概算编制及审核程序

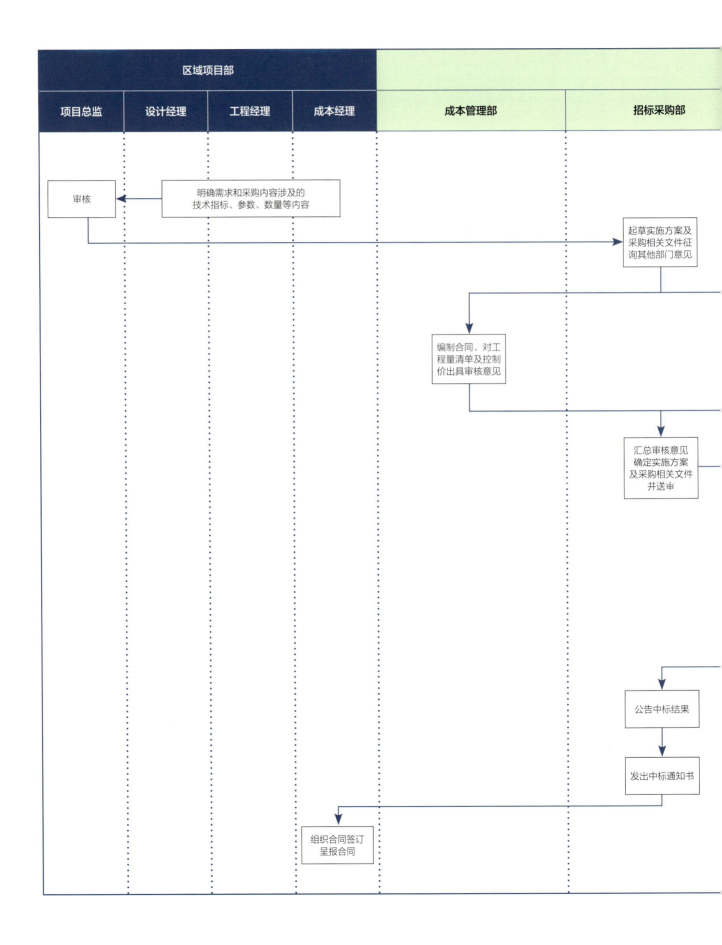

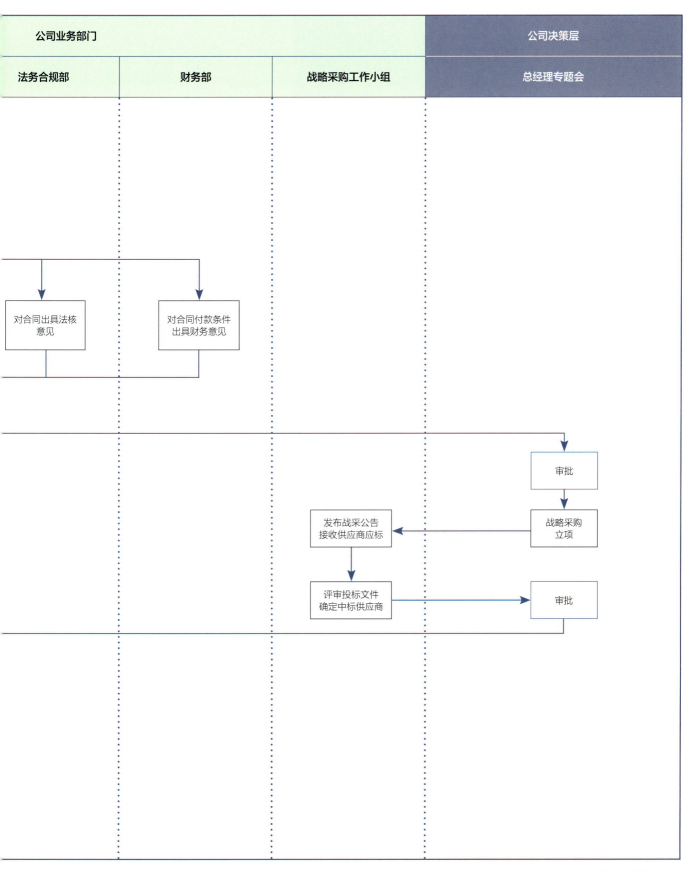

图2.3.22 战略采购管理流程

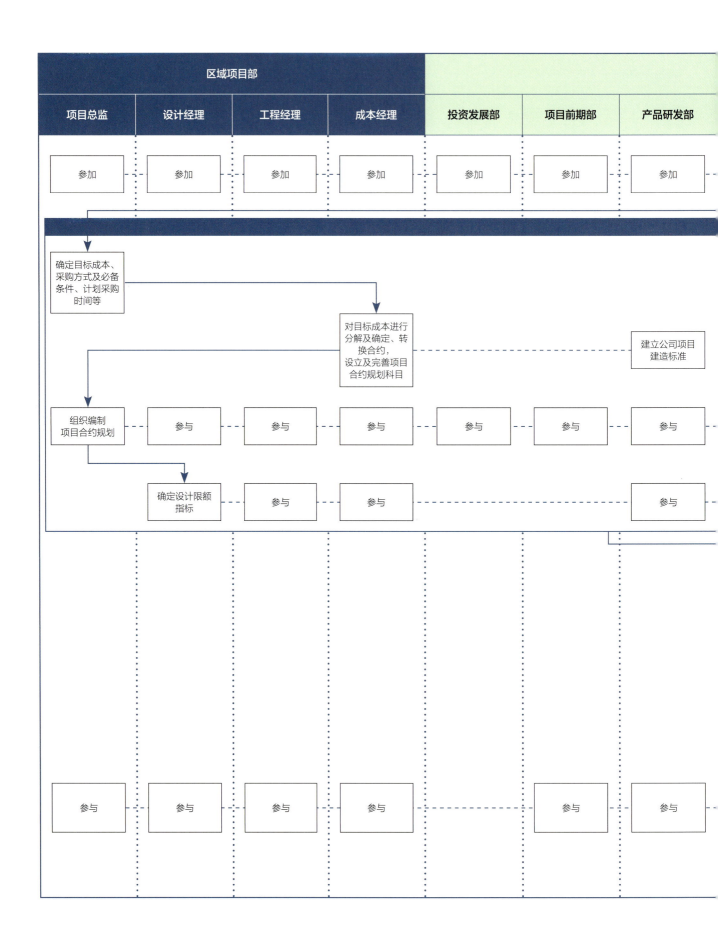

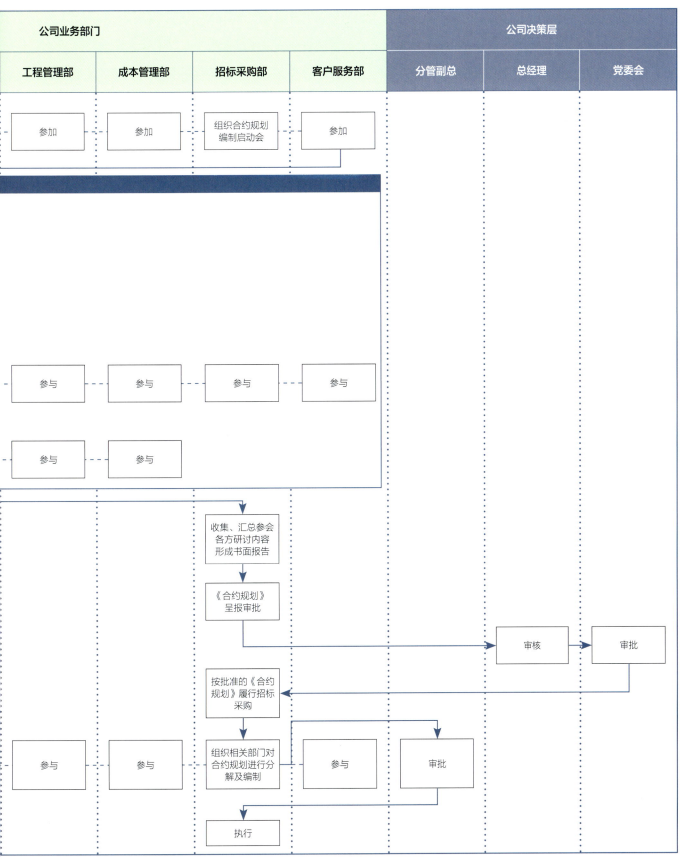

图2.3.23 合约规划编制及审核流程

按照公司管理制度，项目管理中每项招采工作都需要按照公司议事规则先进行立项审批后开展，合约管理缺乏计划性，并且一事一议的流程效率不高。通过流程再造，推出了合约规划编制及审核流程，从承接代管项目开始就对合同体系进行分解，结合获批概算及经验数据对合同金额进行预测，在项目招采立项阶段将合约规划作为审议事项进行一次性审议，简化流程，图2.3.23为合约规划编制及审核流程。

2.3.5 明确职责，开展分工协作

流程梳理完毕后，为确保流程的顺利实施，公司需进一步明确流程中相关部门的职责，明确分工、强化协作，明确牵头与配合的关系。通过一系列管理变革打破各职能部门之间的"部门墙"，进而按照项目管理各阶段分解，明确每个业务流程中区域项目部及业务部门各自的职责，确定负责部门、参与部门及支持部门，形成一套职责分配矩阵（详见附录2），管理流程上各司其职、分工明确。

项目部组建完成后，项目总监负责牵头制定项目全过程管理计划，按计划进行事前管控，组织落实、执行公司各项制度、流程和决议，全面负责工程项目进度、工程质量、成本控制等管理工作，全程参与项目的策划、报规报建、设计等工作，掌握项目定位与现场情况，通过对外协调，为项目建设过程创造良好的外围环境。项目部人员则按照计划分解，提前做好包括报建、设计、成本、工程、安全等职责范围内的工作，公司后台业务部门则为项目部提供资源保障。

2.4 强化一线管理的分层级责权统一

1. 齐抓共管管理阶段

公司代管业务尚处在成长期，代管经验不足，决策事项集中在公司总部，工程管理相关事项如公开招投标方案、工程签证、设计变更等均需呈报公司党委会、总经理专题会审议决策后，方可实施执行。在该阶段，工程管理偏重风险把控，需层层呈报审批把关，较好地控制了风险，但同时也造成管理效率和决策效率不高。

2. 总协调人管理阶段

代管项目数量骤增，集中式决策已无法满足代管业务快速发展的需要。为应对此问题，公司进一步划分了权限，梳理了"三重一大决策清单""事务审批权限表"，划分了需要上会审议事项和OA审批事项，如单项设计变更、工程签证造价在50万元以上需要呈报总经理专题会审议，50万元以下的通过OA系统会签审批；同时也划分了党委会、董事会、总经理专题会权责边界，进一步对总经理专题会进行授权，如施工单位、监理单位等公开招标方案呈报总经理专题会决策即可，无需再报党委会。

3. 区域项目部管理阶段

针对会签审批流程周期较长的问题，公司进一步优化管理权限，通过分级授权，给总协调人以及各区域项目部一定范围的决策权，从而加快项目推进。

4. 矩阵式项目部管理阶段

结合计划管理、设计管理、施工管理等各环节

的特点,进一步完善了分级授权管理。一是针对不同重要程度的事项,在不同管理层级决策,如重大设计变更等"三重一大"事项由公司领导层决策,一般设计变更由区域项目部决策;二是精简了管理流程中不必要参与的部门和流程,针对具体管理流程需要解决的问题,明确了需要参与的部门,消除"大家都踩一脚、大家都不负责"的现象。

由此可见,管理权限的调整是根据代管业务的实际需要进行的,目的是通过健全制度流程、把控风险的同时,实现管理权限的逐级下放,资源逐步向管理一线倾斜,解决头重脚轻的问题。同时,通过制度完善实现各部门各司其职,管理责任层层压实。

2.5 本章小结

本章介绍了海控置业实施代管的过程中,根据代管项目不同阶段的特点和问题,开展管理机制变革的具体举措。海控置业的管理组织架构经历了四个阶段的变革,起步阶段采取各部门齐抓共管模式;随着项目数量增加,内外部协调压力加大,公司采用"一线工作法",设置总协调人加以强化,组织模式进入总协调人管理阶段;代管项目逐步形成项目集群的同时还面对项目地点分散的问题,公司在总协调人管理基础上设立区域项目部,进入了区域项目部管理阶段;为进一步加强项目一线管理力量,公司主要业务部门向区域项目部派驻人员,明确项目部与业务部门工作职责,进入矩阵式项目部管理阶段。开展项目管理全过程流程再造,以项目策划与准备、设计、招标采购、施工验收、后评估五个阶段进行已有流程梳理,按照项目实际需要进行流程细化;对于原流程中未出现但关键的流程,如设计方案比选、设计成果审查、概预算审查,进行了补强;对于流程中可以精简的内容进行了重新优化。本章还介绍了海控置业在人力资源、公司制度、议事规则上如何根据不同阶段管理变革进行调整,从而服务项目管理一线,支撑公司代管业务开展的内容。

第 3 章

项目集群管理的能力提升与品牌建设

系统架构搭建完成后，还要解决管理能力的问题，公司通过能力提升强化单兵作战能力，通过建章立制提升组织管理效能，从而全面强化机体中各功能板块的自身能力，为创建项目品牌、代管品牌、自贸港时代品牌做好基础工作。

3.1 能力提升——从人数多起来到能力强起来

在人力资源效能分析中发现（第2章表2.2.1），公司人均完成投资指标对比国内头部企业还有较大的差距，国内头部企业为0.62亿元/年，海控置业最高为2021年的0.41亿元/年，表明管理人员的管理素质尚有差距，单兵作战能力需要加强。因此，为进一步提升管理能力，积极落实省政府"能力提升建设年"的相关要求，公司在设计管理、工程管理、招采成本管理、安全管理上总结经验、补齐短板、主动革新，从专业能力、学习能力、执行能力提升上下功夫，向先进看齐，打造专业化代管队伍。

3.1.1 专业能力

将业主需求和功能在图纸上精准落地，保证建筑品质。设计管理方面，公司各专业注册及高级工程师10余人，补充了电气、暖通、智能化、室内精装等大型复杂公建项目急需的技术人员，发挥全专业协同作用，保证项目的全专业覆盖。产品研发部发挥技术骨干特长，组建建筑、结构、机电3个专业技术组，编制了《基坑支护图审要点》《减隔震设计管理要点》《公建类设计任务书模板》《竣工图审核管理导则》《BIM设计任务书模板》等一系列技术标准和管理工具，提高了技术审核的效率，降低了图纸的错误率。针对国家在抗震、防火、防水、绿色节能等方面颁布实施的新规范，公司邀请行业内知名专家讲解新规的变化，进行答疑；组织减隔震技术条例实施后应用情况培训，进行消防全过程管理讲座、消防验收存在问题交流会、防水工程技术交流会等专项培训；组织开展装配式装修产品应用培训、分布式能源应用等专场培训，通过"名师上讲台活动"，累计进行专业培训超30场次。

推行合同体系标准化，提升全过程成本管控能力。公司结合工程项目建设实施的情况，不断修订完善工程建设项目工程设计、施工合同、工程总承包（EPC）、工程监理、造价咨询等工程主要合同模板，通过对合同的解读宣贯，提升各项目成员的专业能力；完善项目全过程成本管控能力，强化对设计阶段和招投标阶段的造价控制，严格开展初步设计概算内审，编制施工图预算或招标控制价，锁定项目目标成本；施工阶段，加强合同执行管理，严格把关设计变更及现场签证，进行工程投资执行情况对比和分析，注重工程成本的动态控制；工程结算阶段，对结算资料进行审核和分析，进一步加强成本控制。

安全管理上补齐专业力量，发挥第三方专业机构作用。公司将专职安全管理人员由3名增至9名，其中5名注册安全工程师、2名一级建造师。通过内外部遴选安全生产、环保、应急管理等专业人员，公司组建成了QEHS专家库，引入第三方安全飞检，进一步提升安全管理人员安全专业知识水平与管理能力。

3.1.2 学习能力

公司组织"领导上讲台"活动，为员工分享专业知识和管理经验，如城市综合管廊规划建设经验分享会、国空规划改革与新技术标准对商业住宅类项目影响等专题学习。组织开展了"能人讲堂"，分享工作经验和专业知识，借鉴头部企业的优秀技术总结和管理经验，组织专门学习。对标优质项目，公司通过项目踩盘、观摩交流、调研等方式，开阔员工视野，提高员工打造产品品质意识。针对项目专业管理难点，各专业工程师梳理共性问题并总结经验，通过项目复盘及经验分享会与其他专业工程师进行交流。

提高成本管控人员专业水平的同时，公司持续加强各部门人员的成本管控意识。共组织内部成本管控知识学习19次，如项目实施阶段造价管理培训、施工成本测算与管控培训、工程招投标及成本管控等相关成本造价知识学习。参加海南省建设标准定额站及造价协会组织的《建设项目工程总承包计价规范》T/CCEAS 001—2022宣贯会议、工程造价管控与工程施工合同管理典型问题解析培训、法律护航·工程造价鉴定重难点讲座、工程造价如何适应"机器管招投标"背景下的发展要求研讨会暨相关规范性文件解读培训会等讲座7次。

3.1.3 执行能力

公司严格按照海南控股"13710"工作实施办法，打造具有强执行力的管理铁军。对工作事项当天要作出部署，做到"事不过夜"，3天内要反馈事项办理情况，一般性工作原则上7天内落实解决，重大问题包括一些复杂问题要在1个月内落实解决，要求所有事项要跟踪到底、销号清零。

公司始终保证贯彻落实初步设计及概算批复，积极响应业主需求作为管理目标，业主需求必须当即有反应，2小时内有工作内容反馈。建立设计经理、部门长、分管领导连锁追踪问题督办工作机制，使问题信息快速传达，令行禁止。为提高设计成果审核的时效性，对图纸审核、设计变更等成果管理实行限时审核制。要求专业工程师收到图纸3个工作日内完成审核，7个工作日内根据审查意见完善图纸。遇到急难险重的任务，公司设计管理团队和设计单位驻扎现场办公。

3.2 建章立制——建立工作标准和制度规范

组织能力提升要靠规章制度的完善来形成合力，核心业务部门通过不断完善各自的部门制度，形成一套较为完整的制度体系。

3.2.1 产品研发部

（1）突出功能属性，服务业主需求。

设计是实现业主功能需求、高效推进代管业务的龙头。代管项目业主单位往往是专业医疗机构、教育机构，代管项目中的大型医院功能极其复杂，建筑设计必须紧紧围绕院方的使用功能进行，还需要考虑传统建筑学之外的专业需求，比如，ICU病房、洁净手术室、医用物流系统等。产品研发部紧密围绕产品定位、功能需求，制定建筑方案、初步设计、施工图三级审核确认的制度流程，逐级与业主单位进行沟通确认，确保设计产品满足使用需求。

（2）开展精细化设计管理，打造优质设计资源。

为解决前期方案比选不充分问题，同时也是为了优选设计单位，产品研发部制定了《项目概念设计公开征集比选管理办法（试行）》，通过公开征集确定功能合理性、设计美观性、造价可控性最优方案，为后续设计管理工作奠定基础。

为了对设计类供应商进行有效管理，避免供应商形成"躺在功劳簿上"的思想，推动设计资源持续更新。产品研发部制定了《设计类供应商考核评估管理办法（试行）》，对于每个设计阶段的各类供应商，从主创设计师业绩、专业团队配置、技术评审、现场服务等多层面、全方位对供应商进行考核公示。

（3）严把技术关，提高设计成果质量。

前期阶段面临的主要问题是项目业态多，为弥补专业配置上的短板，充分借助"外脑"进行重大技术方案把关，部门制定了《产品研发部专家库管理办法》。同时，在部门内部挖潜，挑选专业骨干，制定设计成果文件内审相关制度，如《设计文件审查要点（试行）》等，指导各项目设计经理及时准确地把握项目技术难点，有针对性地开展管理工作。

对于建筑中涉及的关键专项设计，比如基坑和机电管线综合，如果管理深度不到位就会造成过程存在风险或者使用功能受影响。为此，产品研发部制定了《基坑支护工程设计管理指引手册（试行）》《施工图阶段BIM机电管综工作指引（试行）》《抗震支吊架及装配式支吊架技术导则（试行）》等制度进行规范化技术管理。对于需要工程承包商二次深化的设计图纸，为避免与原设计有出入，把好品质关，制定了《深化设计管理制度（试行）》。

3.2.2 工程管理部

（1）设立技术专班，搭建施工工艺标准体系。

充分整合工程管理部土建、机电、精装修、风景园林等专业工程师的技术力量，针对建设过程中遇到的重点问题，搭建专业技术小组，支援项目，及时解决技术问题。同时，制定相关技术标准、工具手册，主要有《防渗漏体系技术标准做法汇编手册（试行）》《机电系统施工质量控制标准（试行）》《幕墙工程施工工艺标准汇编手册（试行）》《土建工程施工工艺标准汇编手册（试行）》《精装修工程施工工艺标准汇编手册（试行）》《风景园林工程施工工艺标准汇编手册（试行）》等，组织宣贯交底考试，为一线管理人员赋能，统一管理标准。

（2）规范管理流程，建立工程重点环节评审体系。

工程管理部积极推进工程项目建设的全流程质量管理，坚持样板先行，制定并实施《施工组织设计、重大施工方案内部报审管理制度（试行）》《样板先行管理办法（试行）》《工程项目总承包单位、监理单位管理人员面试管理办法（试行）》《监理单位项目管理工作评价制度（试行）》《施工总承包单位项目管理工作评价制度（试行）》，进一步明晰管理流程，规范公司建设工程项目施工组织设计、重大施工方案的审核、审批流程。以制度化的形式固化样板引路流程，引导施工单位进行施工质量管理，减少系统性质量问题，为大面积施工质量提供保障。加强参建单位履约管理，新开工程项目总承包单位、监理单位合同签订后，组织开展主要管理人员面试，对不符合履职要求的按照相关规定要求更换，提升参建单位履约人员岗位责任感及工作积极主动性。

（3）丰富管理工具，建设智慧工地。

工程管理部以工程管理策划开展管理预演，明确项目管理方向，明晰各项管理目标，为项目的实施提供指导和依据，研判风险，拟定防范措施，提高项目应对能力。为规范工程项目计划管理，采用进度计划软件作为管理工具，规范公司工程项目进度计划编制、评审、执行、监控、调整等工作，制定并实施《工程项目进度管理办法（试行）》。

为积累管理经验，降低管理失误率，提高工作效率，工程管理部制定并实施《工程复盘制度（试行）》。为加快推进智慧工地建设，以统一标准覆盖新建项目，制定并实施《智慧工地建设技术标准应用指南（试行）》。

3.2.3 招标采购部

为解决招采计划性不强，管理繁复的问题，招标采购部对项目全生命周期内的合约进行统筹规划，制定了《合约规划管理办法》。为落实工程招投标领域合法合规的工作要求，对于需要公开招标的情况，制定了《工程建设项目招标管理规定》《招标项目招标人代表选取管理办法》。为解决非公开采购制度不够完善、供应商水平能力良莠不齐的问题，制定了《非公开自主采购管理办法》及《非公开自主采购供应商管理办法（试行）》。严格落实决策程序，经公司党委会立项、招标方案审核小组审核以及总经理专题会研究决策后开展招标工作，推进管理流程透明化，强化廉政风险防控，降低招标采购风险。

3.2.4 成本管理部

（1）切实执行成本限额，严控动态成本管理。

预防超概风险是目标成本管理的关键一环。在初步设计阶段成本管理部通过概算进行目标管控，并在项目的施工全周期内不间断更新动态成本，以实现"算得准、管得全、控得住"的成本管理目标。为保证施工图预算编制及审核工作效率，制定了《工程总承包项目施工图预算编制工作指引（试行）》，《动态成本管理办法（试行）》，通过监控、跟踪目标成本执行的偏离情况，及时进行风险预警及过程成本管控工作。

（2）强化部门协作，提高国有资金使用效率。

工程款支付和结算是工程项目执行过程中的重要节点，是工程项目顺利实施的"生命线"。为规范工程款支付，保证工程款的安全、合理使用，提高资金使用效率，让工程款和项目进度一同"跑起来"，成本管理部制定了《工程款支付管理办法（试行）》和《工程结算工作操作规程（试行）》。通过多部门协同的方式提高支付及结算效率，促使工程款和结算款支付安全、平稳。

3.2.5 环境健康安全部

2020年之前，公司安全生产管理规章制度呈现出碎片化特征，适用性较差，缺乏指导意义。各项目经理对于安全生产的认识不同、管理方式不同，项目的安全生产管理标准也不统一，因此安全生产管理水平很大程度上取决于项目经理的重视程度和参建单位的管理水平。为切实推进公司安全管理体系化、标准化，提升安全管理水平，环境健康安全部牵头搭建了QEHS管理体系（管理手册1个、管理程序21个、管理规定27个、工具手册3个），明确了安全生产目标，规范了安全生产标准动作，并通过体系内审、管理评审等方式持续查缺补漏，不断改进和细化管理颗粒度，及时填补机制空白和管理漏洞。

3.3 横向统筹——形成项目间良性竞争氛围

随着代管项目数量不断增多,体量成倍增长,医疗类、教育类大型项目相继开工,公司的管理范围迅速扩大。散点式管理模式的短板逐渐显露,各项目质量标准不统一,推进情况不统一,一些项目进度滞后,质量、安全隐患问题显现。为有效解决此类问题,海控置业着手打造以公司管理平台为中心的集中式、标准化管理,做强公司工程管理平台,各项目间开展"互比互看"行动,充分调动参建单位积极性,紧紧围绕项目建设目标开展综合评比。

公司日常工程监管主要围绕月度、季度公司级的巡检展开,巡检内容以工程质量、参建各方项目管理行为为主线,积累形成海控置业项目巡检数据库,按月度(图3.3.1、图3.3.2)、季度(图3.3.3、图3.3.4)对各项目质量情况进行排名通报,曝光问题痛点,剖析原因,表扬优秀、鞭策后进,在各区域、各项目间营造"比学赶超"的氛围,见图3.3.5。

每季度还对巡检数据库进行对比分析,对质量管理水平较差的项目开展质量专项检查的"拯救行动",通过质量专项督办,规范项目质量管理行为,提高质量管控意识。完善机制、提升效率,从日常巡检、停止点检查、"铁锤"行动、验收专项、"红黄牌"管理、创优管理、第三方飞检管理、项目管理风险提示8个方面规范项目管理行为。

在开展自我检查、自我提升的同时,公司积极开展第三方公司飞检,以此为桥梁向国内优秀建筑企业对标学习,见图3.3.6。形成了自我检查与第三方飞检相结合的工程评价机制,依据日常巡检数据库和飞检数据,开展各项目、各参建单位的评价管理,晒成绩、晒问题、晒排名,以此提高各项目、各参建单位的工程质量管理意识,规范各项管理动作,提高工程质量,加快工程建设进度。

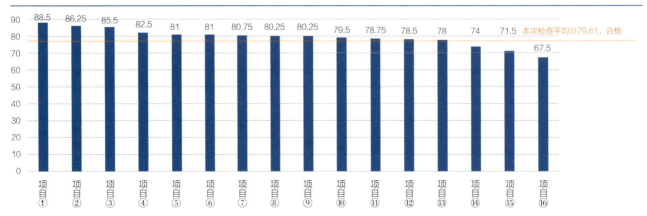

图3.3.1 施工单位月度排名示例

监理单位管理工作评价情况分析—总分结果（含安全专项检查）

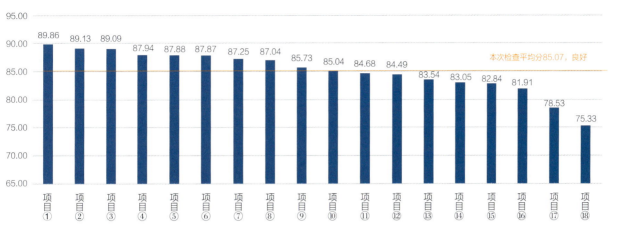

图3.3.2 监理单位月度排名示例

施工单位管理工作评价情况分析—总分结果（含安全专项检查）

图3.3.3 施工单位季度排名示例

监理单位管理工作评价情况分析—总分结果

图3.3.4 监理单位季度排名示例

图3.3.5 季度考核评比

按综合得分排名

分数	90~100	80~90（含90）	70~80（含80）	60~70（含70）	0~60（含60）
等级	优秀	良好	一般	较差	不可接受
数量	1	12	6	0	0
比例	5.26%	63.16%	31.58%	0%	0%

图3.3.6 第三方飞检排名示例

3.4 产业协同——全产业链协同发展

面对代管市场日趋同质化的现状，公司采取以技术研发为引导、产业链协同推进的策略来发展代管业务。比如，海南气候多雨，地下水位高，建造的房屋多设有地下室，地下室渗漏水现象时有发生，影响建筑品质。如何保证地下室防水的可靠性和耐久性，防止渗漏就成为需要解决的问题。通过研究现行国家、地方、行业标准，与国内头部防水企业开展联合研究，公司出台相关技术导则和施工工艺标准，有效地解决了此项难题。海南省一贯重视生态环保，对于商品混凝土行业而言，岛内可用于开采的砂石料资源有限，再加上混凝土制拌工艺标准不统一，对成品混凝土结构耐久性带来一定隐患。特别是海南岛四面环海，建筑长期处于氯离子侵蚀环境，此问题更需重视。公司通过与行业内头部企业成立合资公司的方式，借助其良好的质量体系、丰富的原材料渠道，有效地解决了此问题。

公司以代管业务为先导，带动了包括装配式预制构件、混凝土及防水材料、建筑智能化工程、物业管理等一系列下游产业链公司的业务发展，以统一的企业核心价值观为纽带，以一致的品牌目标为导向，为政府和业主提供可靠产品和周到服务。

3.5 风险防控——安全工地和清廉项目建设

3.5.1 创新制度举措，强化安全风险管理

（1）夯实基础，构建网格化安全责任体系。

为切实夯实安全管理基础，进一步提升安全管理效能，公司制定了《工程项目网格化安全管理办法（试行）》，指引、规范项目实施网格化安全管理，全面推动在建项目建立四级（建设单位、监理单位、总包单位、分包单位）网格责任体系，设立网格化安全管理公示牌，细化安全责任田，并指引项目开展"安全晨会""违章曝光""安全行为之星""安全责任制考核"等日常网格化管理工作，全力打通安全生产管理"最后一公里"，切实强化安全末梢管理，构建形成"横向到边、纵向到底"的安全责任体系。

（2）加强预警，实行矩阵化风险防控。

工程项目现场安全风险点多面广，且安全风险复杂多变。为强化项目安全风险预警，创新建立了安全风险动态预警矩阵管理，各项目每周结合施工进度对基坑开挖、塔吊安装、脚手架搭设等25个施工环节进行动态识别并报送项目安全管理工作计划，区域项目部安全督导员结合安全管理工作计划提前下发风险预警提示，项目第三方安全管理机构在施工前3天查验各项安全措施落实情况，并履行签字确认手续，全部管控措施落实后亮"绿灯"同意该环节施工，否则亮"红灯"严禁施工。安全工地现场巡查见图3.5.1。

图3.5.1 安全工地现场巡查

3.5.2 扎紧制度笼子，打造清廉项目标杆

工程领域的防范腐败问题受到全社会高度关注，公司全力落实"清廉海控"建设方案，紧密围绕工程建设、区域开发主责主业，初步构建起"3663"（即聚焦工程建设领域招标采购、工程管理、成本管理三大重点环节，以"六结合"为主要目标，以"六促进"为具体手段，以创建三个示范点为示范引领）清廉置业建设工作体系，打造符合公司业态特点的"清廉项目，阳光工程"廉洁文化品牌。加强监督检查，严肃追责问责，营造"不敢腐"的政治环境。加强日常监管、检查抽检、联动监督等，畅通问题线索渠道，通过提醒谈话、通报批评、工程领域典型案例公开曝光、警示教育全程跟进等方式，加强惩治警示作用。建立全流程、全链条、全方位风险防控体系，扎牢"不能腐"的笼子。建立健全风险防控机制，从招标采购、成本管理、产品研发等环节精准分析廉洁风险点，并制定防控措施，对工程建设全景画像，坚持事前严防、事中严管、事发严惩、事后严禁的原则。部门设置中，将招标采购与成本管理分成两个独立部门，分别由分管和协管领导管理，相互监督、相互制衡。

加强廉洁文化建设，筑牢"不想腐"思想防线。在项目上打造企业文化长廊，将企业文化建设与清廉置业建设相结合，公司组织开展廉洁主题警示教育27次，组织开展"党规党纪及法律法规"主题宣讲3次，组织开展清廉书画摄影比赛1次，引导廉洁文化入脑入心。同时，公司坚持传统阵地与新兴媒体并重、正面引导与警示教育并举，编写"不担当不作为"典型案例，运用典型案例和身边人身边事强化震慑作用。

矩阵式管理可以让设计、招采、成本、工程等方面全过程参与和管理，做到互相支持、配合、监督、制衡，提高管理效率和决策质量，加强部门间的合作与沟通，增强风险防控能力，避免权力滥用和减少廉政风险。公司累计从设计、招采、成本、工程四大环节梳理出廉洁风险点113条，制定防控措施116条。新增了非公开自主招标方面的廉洁风险点，加强了对招标代理、造价咨询单位、设计单位合约风险的管控，从国家法规和公司管理制度里面找防控措施。下好先手棋、打好主动仗，提前预判市场风险，制定应对方案，为巡察、监督检查、审计、专项检查提供有力抓手。

3.6 品牌建设——创自贸港时代品牌

五年来，在代管制的实践中海控置业助力海南自贸港重点公共基础设施的完善与提升。在文化教育领域承接并建设海南省"一轴十点"重点项目——海南省图书馆二期项目，海南大学开放办学、国际教育和产教融合的重要平台——海南大学观澜湖校区教学及生活服务设施（一期）项目，海南大学创建世界一流学科与国家级重点实验室建设重点工程——海南大学协同创新中心项目，我国首个南海洋资源开发利用和保护研究国家重点实验室——海南大学南海海洋资源利用国家重点实验室，海南大学"生命与健康"学科领域重要研究平台及海南生命健康产业重要基地——海南大学生物医学与健康研究中心等项目建设工作。项目覆盖海口江东新区、三亚崖州湾科技城两大自贸港重点园区及全岛8个市县，为不断提升文化教育领域的基础设施水平，满足人民群众不断提高的教育需求，打造具有吸引力的高水平学研体系，培养具有国际竞争力的优秀人才，进一步推动自贸港深化发展建设奠定坚实基础。建设项目开工仪式见图3.6.1。

3.6.1 党建与生产相融合，在"急难险重"中创项目品牌

作为海南省属国有企业和海南自贸港建设排头兵，海控置业始终按照海南控股党委要求，不断推动党建与业务深度融合，始终坚持"支部建在项目上，党旗插在工地上"，明确"围绕项目抓党建，抓好党建促项目"的统一思路，通过党建引领、党员带头、精工细作、争优创先，把提升项目建设和管理水平作为检验党建工作实效的主要标准，争创优质工程、人民群众满意的工程，见图3.6.2。

收获了多项管理成果和奖项荣誉，完成了相关行业资质认证，取得了项目业主的广泛认可，实现了"做强"目标（图3.6.3~图3.6.5），其中包括：

（1）海控置业党委荣获2021年度海南省国资委先进基层党组织称号；博鳌乐城药械展项目团队获得了2021年"海南省工人先锋号"荣誉，海控置业代管团队获得了2023年度"海南省工人先锋号"荣誉。

（2）设计奖项：2023年，海控置业代管的博鳌研究型医院项目（一期）项目获得2023年度广东省

图3.6.1 项目开工仪式

图3.6.2 党建引领项目建设

第3章 项目集群管理的能力提升与品牌建设

图3.6.3 工程荣誉评优

图3.6.4 企业认证评优

图3.6.5 业主感谢信

优秀勘察设计公共建筑一等奖；在第二十届深圳市优秀工程勘察设计奖评选中，荣获建筑智能化设计专项一等奖、公共建筑工程设计一等奖、建筑环境与能源应用专项二等奖。

（3）施工奖项：代管项目共计获得43个奖项，其中海南省建筑施工优质结构工程9个、海南省建筑安全文明施工标准化工地16个、海南省建筑业新技术应用示范工程5个、建设工程项目施工工地安全生产标准化学习交流项目1个、海南省第二届BIM技术应用大赛三等奖3个、海口市优质样板工程椰城杯奖工程项目3个、海南省建设工程绿岛杯6个。

（4）ISO体系建设：2023年6月，海控置业顺利获得质量管理、环境管理、职业健康安全管理体系认证，为建立安全管理长效机制提供坚实保障。产业链公司海控物业、海控筑友取得ISO三体系认证。海控雨虹于2023年3月取得防水防腐保温工程专业承包二级证书，于2023年6月取得安全生产许可证。

（5）物业服务：在已有四标体系的基础上，进一步扩大权威标准认证宽度，与市场竞争商务条件相结合，完成"能源管理体系""企业诚信管理体系""社区服务指南-物业服务认证""五星售后服务认证"等标准的认证，餐饮服务业务获得HACCP体系认证。

结合项目建设重点任务，设立项目党支部，同时整合业主单位、设计单位、施工单位、监理单位党建共建资源，公司在重点项目设立临时党支部，见图3.6.6。在一线设置党员责任区、示范岗，要求

图3.6.6 项目党支部上党课

党员"亮身份、亮标准、亮承诺,比能力、比业绩、比贡献",充分发挥党员在急难险重任务和关键岗位中的先锋模范作用,保质保量地完成各关键性节点建设任务。

在项目建设过程中,公司多次以超常规的举措、超常规的行动和超常规的实效完成多项建设任务。2020年,通过45天的艰苦奋战,高质量完成三亚悦榕庄酒店会议中心改造装修工作,保障2020年泛珠三角区域合作行政首长联席会议顺利举行;全力推进博鳌研究型医院项目建设,确保项目按照既定时间实现开业试运行;将国际创新药械交流转换中心项目工期合理压缩了近12个月,用138天打造了全国唯一一个汇集全球创新药品与医疗器械的长期展示馆;新冠肺炎期间仅用48小时建成省委党校方舱医院。

同时,公司按照"资源共享、优势互补、互利共享、共同提高"原则,广泛开展党建联建共建,与项目业主单位、项目属地相关单位结对共建,坚定党"从群众中来,到群众中去"的信念,将工程建设与解决民生问题有机结合起来,通过走访慰问群众,帮助解决属地群众困难等党建共建活动,高效推进项目建设,搭建起党和人民群众的"连心桥"。

3.6.2 助力制度创新,树立代管业务品牌

通过主笔起草《海南省政府投资社会领域基本建设项目实行代管制暂行办法(修订)》(琼府办〔2021〕42号)及《代管项目委托代管合同(格式文本)》《代管制操作规范指南》(琼国资改〔2021〕147号)等配套文件,海控置业深度参与了《代管办法》的修订工作。

2022年，在海南省发展和改革委员会指导下，开展了《海南省政府投资社会领域基本建设项目关键指标及模型研究》课题。通过深入审视、评估、分析海南省自实行代管制以来，在推进效率、审批环节、要素保障、业主及代管单位职责分工等方面的实际情况，采用政策研究、调查走访、样本分析、定性定量相结合的方式与上海、深圳等地区进行比对分析。课题成果在进一步优化政府投资社会领域项目审批、项目高效推进、资源保障到位、明确业主及代管单位职责等方面给出了意见建议，为提高海南省固定资产投资效率，优化投资效益，进而科学、准确、客观地推进项目提供了参考。

海控置业积极强化责任担当，不断结合自身运作经验，深入挖掘建设过程中的特色做法、工作亮点和创新举措，对代管建设工作经验进行归纳总结并不断完善，为代管品牌建设奠定了坚实基础。通过解决代管制实施过程中存在的多项问题，与政府相关部门进一步优化海南省代管品牌，为建立适应自贸港需要的代管制、提高政府投资效能发挥了行业领头羊的作用。

3.6.3 以精品工程创自贸港时代品牌

2018年4月，海南迎来了自贸港时代，在自贸港的宏大背景下，提出了一系列公共设施项目以及相关的制度，这些项目的落实是践行新发展理念的具体举措，是自贸港时代的风采展现。海控置业高举新时代中国特色社会主义伟大旗帜，在自贸港建设中充分发挥省属国有企业的政治担当，以高品质的项目为新时代下的海南自贸港品牌建设添砖加瓦，在品牌建设过程中，始终坚持"人民群众对美好生活的向往就是我们的奋斗目标"的理念，充分发挥品牌在改革供给结构、提高供给质量中的作用。海控置业在每一个工程建设中争优创先，通过打造一个个项目品牌、代管业务品牌，积小成为大成，将海南省公共服务制度体系建设得更加完善，使公共服务从有到优、从均等化到普惠化，创自贸港建设的品牌。从而让改革发展成果更多更公平地惠及全体人民，不断提高人民生活水平，努力实现幼有善育、学有优教、病有良医、老有颐养的时代品牌意义，形成政府和社会认可的新时代品牌形象。

海控置业深入践行以人民为中心的发展思想，通过实施民生建设提升工程，全力推进健康卫生、教育等民生事业发展，织密扎牢民生保障网，健全公共服务体系，用一件件好事、一桩桩实事托起百姓"稳稳的幸福"，为自贸港民生建设奠定坚实基础，不断增强人民群众获得感、幸福感和安全感。海控置业将站在时代新起点，勇承国企担当，与海南共成长！

3.7 本章小结

海控置业开展公司管理变革的同时，逐步推动变革向下延伸，不断加强业务部门能力和制度建设。在专业能力、学习能力、执行能力上，根据代管项目管理的实际需求，采取对照先进、内部挖潜、领导带头等方式，有针对性地补足业务能力上的短板；部门制度建设上，围绕管理标准化目标，各部门制定了一系列管理导则、管理办法、指南指引等体系文件，规范项目管理。通过项目部之间的横向拉通、互比互看，对比项目的质量、安全等关键指标，对施工、监理单位进行排名公示，鼓励参建单位创先争优。通过实行矩阵化安全管理，落实清廉海控、阳光工程等制度要求，保障项目实施过程安全可控，实现集中廉政风险管控。本章还介绍了海控置业如何通过产业链协同做大、做强、做优代管业务，通过管理形成项目品牌，通过制度创新形成代管品牌，通过高质量服务创建自贸港时代品牌。

第 4 章

医疗类项目管控要点及实践案例

本章序一

医疗健康产业既是海南省重点发展产业，也是海南自贸港建设中优先发展的产业之一。"十三五"时期，海南省持续推动健康产业高质量发展，一批具有领先意义的医疗卫生项目陆续获批建设，使海南省迎来医疗健康产业发展的黄金时代。

作为海南建设自由贸易港的重要组成部分，2013年经国务院批准设立海南博鳌乐城国际医疗旅游先行区。2019年底，我们团队有幸参与博鳌研究型医院一期项目的设计，当时国内研究型医院是一个新生事物，再加上海南省独特的区位优势，使得项目本身具有重要示范意义。我们的设计团队与海控置业通力协作，从方案设计到项目竣工仅用时两年，在医疗建筑领域创造了一个不小的工程壮举，也充分展现了海控置业高效的统筹管理能力。

医院是民用建筑里最为特殊的公共建筑类型之一，具有复杂性和动态性两个非常明显的特征。基于这两个特征，我认为，未来医院建筑的发展趋势将是医院和城市间形成更加紧密的交融关系，即具有院城一体化趋势。此外，医院建筑的发展趋势还包括智慧化、空间立体化、功能复合化以及生态绿色节能化等。作为医疗建筑建设领域的从业者，必须着眼于未来，以更具远见的视角进行工程设计和管理，才能适应医院建设的发展，创造出更加宜人、符合未来需要的新型医院。

本章内容汇集了海控置业代管代建五年来完成的医院项目，详细阐述了各个医院的规划理念、建筑设计特点和项目工程管理实录。反映了医院建筑项目设计、建设过程的特殊性和复杂性。希望这本书出版发行后，能够建立更广泛的交流平台，能够发挥更大的社会效益，并希望能为海南医疗项目建设乃至中国医疗项目建设提供可借鉴的经验和范本。

中国工程院院士　孟建民

本章序二

海南省是中国最大的经济特区、最大的自由贸易试验区和唯一的中国特色自由贸易港，具有实施全面深化改革和试验最高水平开放政策的独特优势。博鳌乐城国际医疗旅游先行区的独特政策促使上海交通大学医学院附属瑞金医院海南医院（以下简称"瑞金海南医院"）落户海南乐城。

瑞金海南医院是国家区域医疗中心，通过由国家顶级医院运营来实现优质医疗下沉，并引入世界上最先进的仪器设备和新药物，为患者带来福音。项目一期于2020年3月30日开工建设，克服了项目建设时间紧、任务重、园区建设初期基础设施薄弱等问题。经历一年多的努力，项目于2021年12月顺利通过验收。依托项目一期建设的保障，瑞金海南医院各项工作得以有序推进，将有效发挥医疗技术、装备、药品与国际先进水平"三同步"等政策优势，"立足海南，服务全国，辐射东南亚"。

二期作为一期的功能补充，将助力瑞金海南医院建成集国家真实世界临床数据研究中心、先进技术国家医学研究中心、国家临床医学创新中心、海南省公共卫生应急和灾害救援地于一体的国家区域医疗中心，打造医、教、研协同发展高地和独立、创新、高效的"乐城模式"，为博鳌亚洲论坛与"一带一路"国家合作提供有力的医疗保障，服务国家建设海南自由贸易港的战略目标。

海控置业作为瑞金医院一期、二期工程的代管单位，展现出了高水准的管理水平和严谨的工作作风，以优质的工程质量和令人满意的服务树立了公司的管理品牌，为医院可持续、高质量发展奠定坚实的基础。蓝图已擘画，奋进正当时，海控置业将坚持效率与品质齐飞，服务共保障一色的理念，积极推动中国特色自由贸易港建设，迈向充满希望的未来！

上海交通大学医学院附属瑞金医院海南医院书记　顾志冬

4.1 医疗类项目管控要点

4.1.1 医疗类项目特点

医疗类项目除了符合一般建筑适用、经济和美观要求外，还应符合医疗活动规律、医院工作特点、卫生学要求、病人康复、安全、医院长期发展、公共关系学等需求，医疗建筑是所有建筑类型涉及专项最多的之一。比如：医院物流系统、净化工程、放射防护磁屏蔽工程、医用气体工程、医用纯水工程，还包括常规停车、安防、楼宇管理之外的医用智能化工程，与之配套的医疗软件信息化工程、大型医疗设备，乃至救援直升机停机坪等。其专业性强、多专业交叉等特点大幅地提升了医疗建筑设计的难度。

4.1.2 可研和方案阶段管控要点

医院如同一台精密复杂的超级设备，因为专业种类多且极其复杂的特性，可研阶段就需要初步明确医疗一级流程，提出合理的设计方案。其技术合理性研究是可研阶段必要的技术支撑，也是项目后期高效运营的基础。因此，针对医疗类项目，可研阶段不能脱离方案独立进行可行性研究，必须紧密结合方案对院区规划、场地设计、医疗流程等各方面研究，形成可行、可延续、可指导后续设计的成果。

重点环节1：建设规模

重点内容：医疗建筑不仅要服从用地规划控制指标，还要满足医疗发展规划，同时还与医疗机构自身的发展水平、发展方向息息相关。需要根据医疗机构的建设目标、建设级别确定其建设规模。

管控措施：配合院方与行业主管部门（卫健委、发改委）进行充分论证和沟通，分析院方需求和建设发展目标，确定床位数等规模指标。

重点环节2：医疗七项设施

重点内容：医疗七项设施是指急诊、门诊、住院、医技、保障、业务管理和院内生活，是医疗功能的细化，在确定床位数和建设目标后，参照《综合医院建设标准》进行详细测算，对应不同规模，取不同的床均建筑面积值。七项设施的配比方面，住院用房的比例往往最高，达到40%左右，专科医院急诊用房比例相对较低，有些甚至低于3%，心血管专科医院，或是承担了120急救任务的，其急诊的用房比例宜相应放大。如设置心血管内、外科，神经内、外科，其急诊用房可能远超规范3%限值。

管控措施：组织设计单位前期介入，与院方深入讨论确定定位、学科方向，确定关键指标。院方一般会对当前和后期规划提出明确需求，但在配比上需要有丰富医疗设计经验的团队从专业角度引导，确定七项用房指标。

重点环节3：大型医疗设备

重点内容：大型医疗设备是医疗建筑项目中的重头戏，不仅涉及规模、总投资，更与设计息息相关，比如直线加速器，在可研阶段就要考虑到直线加速器的埋深、墙体加厚等造价影响。在对接一级流程时，应考虑场地对设备运行的影响，如MRI周边不能布置设备用房，不能有移动金属通过，避免影响设备成像效果等，这些都应在可研和方案阶段考虑。

管控措施：协助医院明确其运营需求，拟采购的设备种类和数量，向行业主管部门了解相关政策、设备批复和采购流程。设计单位在布置放射科、影像科、核医学科、放疗科、高压氧舱等与大型设备相关的科室时，除了满足使用需求外，还应了解设备的运行要求，确保周边环境不能影响设备的正常运行。

重点环节4：人防救护工程等级

重点内容：方案和可研阶段要明确人防救护工程等级，是按照中心医院、急救医院还是救护站来设置，这对于地下室布置、停车位计算、造价估算均有较大影响。

管控措施：在可研阶段提前和人防部门进行沟通，确定人防建设规模、救护等级，明确建成后的交付标准。

重点环节5：建设标准与投资估算匹配

重点内容：海南省医疗项目中批复的建安费单方造价通常在7000~9000元/m²。但随着医疗服务和医疗技术的不断提升，医疗建筑的建设标准也在不断提高；医疗项目建设周期长，期间材料、人工价格产生调差；专项工程、大型设备无法一次到位，分批进场，导致拆改费用增加等。这些因素都需要在投资估算中予以考虑。

管控措施：尽可能做到设计深度超前，方案深度往往要超过现行标准要求，进行更加准确的投资估算，预留好合理的浮动空间。与院方统一思想，明确发展目标，制定建设标准，后期则严格实施限额设计，并通过设计总包统筹各专项设计内容。

重点环节6：环评对项目建设、运营的影响

重点内容：医疗建筑在建设和运营过程中，排放的噪声、废气、液体、固体废弃物等往往会对环境造成一定的影响，为了保护环境，确保新建项目符合环保标准和法规，设计方案也须符合相关要求。医疗建筑环评主要包括以下几项：环境影响评估、核技术利用环境影响报告、职业病危害放射防护预评估，实验室行业评估等。

环境影响评估重点分析项目选址、功能布局的环境合理性，废水排放、生活垃圾、医疗垃圾及污水处理站合理暂存或妥善处置对外环境的影响、项目运营后对地下水的影响、污水处理站水泵噪声、冷却塔等机械设备噪声、门诊部社会噪声和停车场噪声等对周边环境及医院自身的影响、污水处理站、实验室废气、发电机等废气对周边环境及医院自身的影响等；核技术利用环境影响报告主要评估核医学科、放疗科、大型辐射性设备（如DSA、ERCP等）等核废水排放和处理，及辐射屏蔽等采取的措施；职业病危害放射防护预评估运用在放射诊疗设备（如CT、DR、碎石机等）中，为医院管理采取的管理措施，保证医护人员远离职业病；动物实验室设置应取得行业许可，后期才能运营，如有的项目，建设期未进行行业评估，后期补充相关手续时，需按照行业指导意见进行整改。

管控措施：概念方案确定后应立即着手启动环评，环评针对选址、建设内容、设计方案等各项内容进行评估后得出结论，反过来指导方案优化。环评应严格按照国家规定的环评法律法规进行，确保项目建设符合环保要求，避免盲目推进、凭经验设计而造成方案重大调整。各专项环境影响评价应邀请行政主管部门、行业内权威机构进行，避免因环评权威性不足而影响运营。环评过程中，应当通过公示、征求意见书、听证会等多种方式，向公众征求意见和建议，回答公众提出的问题，尊重公众对项目的看法和建议。

4.1.3 初步设计阶段管控要点

重点环节1：一二级流程对接

重点内容： 医学流程是医疗建筑设计的底层逻辑，所有医疗建筑的功能空间都必须在制定的医学流程基础上布局，符合行业操作、安全防护、感染控制等标准的要求。一级流程注重医疗建筑的总体规划，要求做到洁、污分流，人、车分流，各类建筑出入口的组织，七大项设施用房落位；二级流程注重具体医疗建筑各单体、各楼层布局的细化，体现未来医院建设设置的一级科室数量、标准、规模，为其配备相应的交通空间、公共空间、设备用房，并相应对物流、净化等专项做出设计规定。实践中有些项目不重视医学流程对接，按照基建部门的理解完成一、二级流程，未与科室进行充分沟通，或者没有对科室进行引导，匆忙催促科室签字确认，导致科室后期巡场验收时发现不满足医院感染管理科要求等。

管控措施： 设计单位需要具有丰富的医疗建筑设计经验，清楚医学流程对接内容，引导科室进行决策。代管单位组织设计单位与院方、主管部门对接，详细落地项目一、二级医学流程。

重点环节2：专项方案

重点内容： 物流系统、净化工程（实验室专项）、医用气体、放射防护磁屏蔽、医用纯水工程、医用智能化工程、听力屏蔽、中医制剂、高压氧舱均有对应的专项设计要求，需要设计团队充分了解使用科室的工作习惯和装修标准。口腔科、康复训练室、水疗室、洗婴室等空间需要配合特殊器具、设备，需要提前与设备厂家沟通，取得土建预留条件。

管控措施： 全面启动专项设计，要做到设计先行，组织专项顾问向院方汇报，确定医疗专项方案，比如物流系统选型和ICU洁净空调形式，此类问题对概算编制影响大，若未对接清楚，将造成概算漏项或概算预估不足等。详细对接院方需求，尽量将专项设备末端点位及技术参数要求、强弱电点位需求、上下供排水需求、其他物理环境参数落于图上，保证初步设计图纸齐全和概算完整。

重点环节3：装饰材料

重点内容： 医疗建筑室内装饰装修与建筑的使用者以及医院的运营管理模式密切相关，装饰材料的选择需要综合考虑建筑专业与医院运营的双向需求，并由建筑师和医生共同决定。比如，在检验科没有外窗的情况下，建筑师关注如何满足防火规范，医生则更关注地面材料是否容易残留细菌。集合双方意见，最终放弃使用地砖而选用PVC地胶，既符合消防规范要求，又符合院方运营需求；又如，PCR实验室和微生物实验室隔墙，按照建筑做法为砌体墙到顶刷耐污无机涂料，使用方要求全部采用洁净板作为墙体，但洁净板无法隔断吊顶以上部分，使得不同的实验室之间无法完全物理上分隔。

管控措施： 在初步设计阶段确定装修标准，向院方汇报方案时，在体现方案效果图的同时需要重点考虑医院使用、管理需求。其中装修材料应符合医疗建筑特点，满足建筑专业和医院运营的双重要求。比如门诊、医技、实验室、办公室、医疗街等空间地面应考虑抗菌、耐磨、防滑、易清洁、环保无害、稳定性强、拼缝小、消音功能材料；又如手术室、实验室墙面和吊顶均有洁净要求，要求平整光滑、不易损伤、不易积灰、气密性佳、便于清洁消毒，且使用消毒液喷洒后无损坏。在进行装饰材料选材同时还需提出造价与材料的关系，规范与选材的匹配要求，同时取得院方认可。

重点环节4：概算编制

重点内容： 概算编制的全面性和准确性是项目后续实施的保障，往往后期与施工单位最大争议点在概算漏项。概算编制的依据是初步设计，而初步设计的编制内容与最终实施的方案之间还存在深度差异，这导致最终施工图及施工现场实施的内容不能完全体现在初步设计图纸及概算表内，相关建设内容是否包含在概算范围内就容易产生分歧。施工单位往往认为概算没有直接列出的内容均不在施工合同实施范围，但对于医院项目来说，又是不可缺少的功能。比如，施工单位提出概算未涵盖纯水工程费用，但如果没有纯水，检验科、牙科、手术室等科室就无法运营。

管控措施： 组织各专业设计工程师审核初步设计图纸深度是否满足深度及规范要求，并对标可研批复内容，审核初步设计图纸是否齐全，是否涵盖可研批复的建设内容，避免概算缺项。提前引入造价咨询单位，拉通设计单位概算编制团队、造价咨询单位和成本经理，对需求进行理解和掌握，避免专项及机电工程量缺失。施工前，组织各单位对概算进行一次交底，明确各单项的建设标准。

4.1.4 施工图设计阶段管控要点

重点环节1：三级流程对接

重点内容： 施工图阶段需要进行三级流程对接，该阶段是对医疗建筑室内装饰和各类机电末端点位的细化。在这个阶段，要确定每个功能房间的大小、开门、家具摆放、插座开关、灯具的位置及数量，所有医疗设施设备的落位及相关点位等。这影响所有末端管线的预留预埋，是减少后期变更的重要环节。

管控措施： 组织设计单位详细对接科室需求。点位布置在很大程度上与使用者习惯有关，在三级流程对接时，科室要明确告知家具和器械的摆放、插座位置、数量、规格、手盆位置、下水点位置。设计单位根据科室反馈，完成图纸设计后，需要编制点位统计表供项目单位确认，避免后期出现大量增加点位情况。

重点环节2：专项设计

重点内容： 专项设计分为方案和施工图两阶段，专项方案完成后需要设计单位完成施工图，但大多数设计单位没有这部分专项设计人员，需要进行专业分包。有些设计院为了节约这部分设计费，待施工总包采购医疗专项施工单位后，请专项施工单位代其完成专项施工图。施工单位认为专项施工图不是他们的工作范围，形成设计工作界面分歧。此外，施工单位的设计有时突破规范要求或不满足医院使用要求，产生设计标准上的分歧。

管控措施： 推行设计总承包模式，在设计合同中明确专项设计在设计总包范围内，要求设计单位列出专项分包招采计划，参与医疗专项分包资质审核；要求设计院提交与医疗专项设计单位的分包合同进行备案；要求设计单位按出图计划完成医疗专项设计施工图。

重点环节3：BIM应用

重点内容： 医疗项目均要求进行BIM设计，设计院BIM设计通常在土建图纸完成后、专项图纸完成前开始的，目的是模拟管线排布和测算净高，在确定净高不足时，考虑部分管线在梁中预留预埋。后续施工单位进行BIM排布时，各种支管、综合支吊架、专项均已深化完成。深化后的管线排布有时会超出净高控制要求，但此时已错过了预埋预留时机。

管控措施： 向设计单位提交功能房间净高控制表，要求设计和施工BIM模型统一，由施工单位校核设计单位BIM模型的可实施性。专项单位提前介入预估专项管综数量和路由，当发现存在净高不满足要求时，尽早安排部分管线在梁中预埋预留。

重点环节4：设备条件预留

重点内容：大型医疗设备通常由政府财政采购，或是医院自筹资金采购，设备采购主体不是代管单位，这就容易造成设备采购与建筑设计时间上的脱节。受限于各个厂商间的产品差异，即便是一个有着丰富经验的设计团队，也很难做到百分百准确的预留。

管控措施：预先考虑大型设备的运输路径，以及后砌墙体（门）的位置；参建各方建立合理的机制，对设备进场后的提资做到"需求指令下发—方案确定—落实图纸—审核审查—提交建设管理—下发施工单位及监理"的闭环流程；要求设计单位跟进大型设备技术规格更新，对大型设备房间面积、净高尽量留有余地。

重点环节5：信息化

重点内容：信息化系统是医疗机构自用的医疗服务管理软件系统，往往由医疗机构单独申请立项，聘请专业机构进行设计实施，参与项目建设往往在后期。而信息化系统建设又不能脱离实体建筑和硬件，对于物理链路、硬件通信协议、机电系统配套、数据机房等都有条件要求。比如有的项目在装修完成后，信息化系统建设要求敷设线缆，需要将装修吊顶拆除，增设信息化线缆套管，由此产生了浪费。

管控措施：在施工图完成前与院方充分沟通，明确信息化系统建设界面，尽量将信息化系统对硬件的要求前置，在施工图和管线综合阶段考虑预留。

4.1.5 机电施工阶段管控要点

重点环节1：机房工程

重点内容：实际施工中有时轻视机房施工工作，或者受到设备进场时间的影响无法推动机房的施工，导致机房的进度滞后，后期不得不花费更多的人力、物力开展抢工。同时，机房降噪隔振也是重要管控内容。

管控措施：土建结构完成施工后，应及时给机电专业提供工作面，开展深化设计及施工。紧密跟踪医疗设备采购进度，预留运输通道和安装工作面，施工前完成各工序与各施工条件的分析整理，为机电安装合理穿插提供依据。对于场地有限，机房周边医疗空间对减噪、隔振有要求的情况，需在机房工程施工前审查减隔振降噪的专项施工方案，组织专家论证，严格监控现场按图施工，必要时请第三方进行检测验收以满足医疗设备运行的环境条件。

重点环节2：五网配套

重点内容：需要提前谋划配套工程的建设，做好红线内与红线外五网的衔接。医疗建筑对供电要求很高，需要双回路供电，如供电系统不能满足双回路会导致建筑无法可靠运行。医疗建筑用水量大，偏远地区建设大型医疗建筑可能会遇到水量水压不足问题。另外，医院的市政排污管网建设情况也需要核实，院区内的污水处理要符合排污标准。

管控措施：联合医院协调各配套工程建设单位按期推进。对于不满足双回路地区，及时与院方沟通协调属地政府及供电单位在竣工前满足双回路接入。与供水单位沟通，提出用水需求，敷设管道。此外，还需在室外管网施工前沟通给排水市政接入口位置及管径等。

重点环节3：精密空调

重点内容：对于复杂的空调机房工程，有时存在因机房设备大、管道多产生碰撞致使现场返工的情况，也可能出现空间位置与设计图纸有偏差，设备、管道重叠或交叉等问题。

管控措施：充分利用BIM技术特点，安排空调系统的设备管线排布。依据环境温湿度、洁净度要求的不同，参照设计图纸进行设备参数选定、采购及验收。复核空调系统与医院BA系统的通信接口，确保后期整体系统的自动监控。风管安装前，检查风管壁厚，进行必要的清洁和真空干燥，安装完成后进行漏光试验。注重对管道保温材料的重度、厚度等指标进行管控检查。设备调试时，从系统的末端开始直至机组，使各支管的实际风量达到或接近设计风量。测试温湿度是否满足医疗房间及医疗设备的要求。

4.1.6 精装施工阶段管控要点

重点环节1：样板先行

重点内容：提前进行精装样板的施工、确认是很有必要的，但是具体到什么时间去开始，每个项目情况不一。提前时间太早，容易出现各项条件不充足，影响样板认样；时间太晚，会影响现场施工进度。

管控措施：精装设计方案完成后，先进行材料小样的比选。实体样板需提前完成材料封样、认样以及样板间施工，邀请院方巡场并征求意见。确认样板可减少反复修改带来的工期延误，对流水施工有很大帮助。

重点环节2：穿插交接

重点内容：机电及其他专业完成施工后，精装施工前需对隐蔽工程进行验收，合格后方可进行装修施工。实践中有时出现各专业图纸在设备末端点位的设置、管线的布设上存在碰撞、冲突的问题，往往在精装施工过程中才会暴露。

管控措施：加强BIM技术的应用深度，通过BIM综合协同管理平台将土建、机电、幕墙、精装各专业BIM模型集成起来，在施工过程中对技术、生产、安全、质量、物资、深化设计进行全过程协同管理，尽量做到各专业之间的协调无信息断层、孤岛，实现全方位的信息共享，减少各专业间的碰撞，以达到管线排布合理、整齐、美观，预留预埋洞口尺寸精确、位置准确的效果。

4.1.7 专项工程施工阶段管控要点

重点环节1：深化设计

重点内容：医疗建筑的深化设计进度应以满足施工进度要求为目标，充分考虑深化设计周期以及施工插入时间节点。设计单位、院方需要对深化设计成果进行确认，在施工前预留充分的准备时间。

管控措施：深化设计由各专业公司和设备厂家完成，多专业集成配合，确定房间尺寸、平面布置、设备重量结构荷载设计、运输通道、管沟降板、明确水电、燃气、蒸汽等用量，空调通风、防爆通风等要求，医疗方案工艺设计、净化设计、消防要求、节能要求、门禁管制要求、电梯设计参数，及病理科、检验科、解剖室、配液中心通风柜或生物安全柜安全级别、内诊室、处置室、治疗室、B超室、内镜室、检验中心检验室、公共卫生间、负压隔离病房ICU、化验室等详细设计要求。深化设计深度应满足指导现场施工要求。

重点环节2：医疗用房

重点内容：实验室、手术室、ICU等属于特殊医疗区域，在图纸会审阶段应了解清楚空气洁净度等级要求，审查专项施工方案，借助专家力量进行把控，在净化空调施工及装修施工之前完成审核。

管控措施：手术室、ICU等部分区域设有吊塔，其安装位置不可调，吊塔还需预留强弱电、气等配套管线。在进行常规机电管线及设备安装时，充分考虑医用吊塔位置，避免普通机电管线为避让吊塔进行二次拆改。手术室高度控制在2.7~3.0m，设置医用气体，采用防静电措施，不应有明露线管及地漏，在选用摄像头时需根据院方要求。

4.2 海南省中医院新院区（含省职业病医院）项目

图4.2.1 院区鸟瞰实景

第 4 章　医疗类项目管控要点及实践案例

项目规模：199477m²

建设地点：海口市

床　位　数：1000床

业主单位：海南省中医院

设计单位：上海建筑设计研究院有限公司

施工单位：中交一公局集团有限公司

监理单位：新恒丰咨询集团有限公司

4.2.1　项目概况

海南省中医院新院区牢牢把握服务自贸港建设重点民生工程的根本方向，高标准、严要求建设，努力提高中医药在公共卫生、防病治病、康复等领域的参与度和贡献率，坚持传承创新、开放包容、中西结合，充分发挥中医药防病治病的独特优势和作用。同时，以人才促进学科发展，持续增强科研"软实力"，扩大行业影响力，建设发扬传统中医发展新试点，推动优质医疗资源下沉，更好造福在海南就医的患者。

海南省中医院新院区（含省职业病医院）作为综合性三级甲等中医院，是省重点（重大）建设项目，着力打造集医疗、科研、教学、保健、康复等功能于一体，具有中医文化特色的省级现代化综合性龙头中医院，努力建成服务管理一流的国家区域中医诊疗中心和国际中医医疗交流中心。

项目用地面积147540m²（图4.2.1），总建筑面积199477m²，分东西两个区域核心布置西侧为医疗核心，布置门急诊医技楼、综合住院大楼（900床）；东侧环绕中心花园，布置名医堂/国际医疗中心、行政办公楼、科研教学楼、职业病医院（100床）及二期发展建设预留用地（图4.2.2）。

2023年3月29日，中共中央政治局常委、国务院总理李强在海南调研。在海南省中医院江东院区，李强听取海南省医疗卫生发展、异地就医报销和中医院情况等汇报。他强调，要加强医疗卫生服务体系建设，推动优质医疗资源下沉，完善异地就医直接结算机制，让群众享受到更便利、更实惠的医疗服务。李强察看了黎族医药门诊。他强调，包括黎医黎药在内的中医药是中华民族的瑰宝，要坚持传承创新，充分发挥中医药防病治病的独特优势和作用。

图4.2.2 门诊及住院楼实景

4.2.2 设计理念及特色

集中布局,保障医疗系统高效运营

总体布局:项目在基地西侧形成核心医疗功能区,区内设置一条医院街串联各个功能组团,便于急诊、门诊、住院病人快速到达,最大限度地发挥空间使用效率。核心医疗中心区主体为门急诊医技楼,由西侧集中区与东侧单元区组成,设计过程将使用功能进行细分,将使用率最高的诊疗技术科室布置在集中区,其他诊室布置在单元区。设计兼顾高效性与舒适性,提升共用医技诊断设备通达效率的同时,为急诊科、分娩科等提供相对独立、便于管理的场所。

流线组织:门诊大厅独立设置,入院经问询、挂号后人群在此分流,诊疗完成汇流取药离院,同时服务门急诊医技楼与名医堂/国际医疗中心。清晰的人群流线组织服务人民高效就医。(图4.2.3)

图4.2.3 院区鸟瞰效果图

岭南传统，塑造中医院新面貌

合院布局：中医院新院区体量排布提取岭南特色融入现代设计手法之中，融合了传统合院的布局，将院落分层级布置，中心景观院与天井、半围合院落相结合。

骑楼空间转化：海南骑楼老街退让檐下空间，营造遮蔽场所的特色空间是海南建筑应对典型气候的处理方式。门诊大厅、门急诊医技楼、名医堂/国际医疗中心之间的通廊以及屋顶檐下（图4.2.4），都创造了大量的室外灰空间，全面引入阳光庭院的自然景色，为不同楼栋之间穿行的医患创造更适宜的物理环境。

建筑语汇：建筑整体延续传统大屋檐的建筑语汇，将多层门诊大厅、门急诊医技楼、综合住院楼形象统一；深厚的挑檐结合屋顶花园的设计，在保证视觉效果的同时，也开辟出更多休闲空间以供医患散心、调养。

图4.2.4 门诊大厅入口建筑方案效果图

图4.2.5 室外下沉庭院景观方案效果图

引入自然，建设疗愈空间生态化

整体院区设计围绕"绿色建筑、绿色能源、绿色环境、绿色管理"的要求，着力搭建集绿色规划、生态疗愈、可持续发展为一体的现代化绿色医疗平台。

项目采用低层花园式布局将医院有机地融合于自然环境中（图4.2.5），创造生态化的就医环境。近人尺度上，底层多采用开敞式柱廊，形成自然舒适的半室外空间，保持室外生态景观向室内渗透的连续性，结合一系列丰富的小品、雕塑、植被等设计，着意塑造一个阳光明媚、绿意盎然的公共休闲空间。

遮阳通风，巧设被动式高效节能

充分考虑海南的气候特点，本设计对遮蔽降温与气流带动降温相结合的被动式节能措施进行了突出强化（图4.2.6）。

引入区域气流循环理念，利用滨海地区气流高频、高速的特点，在局部架空区形成穿堂风。有组织的空气流动带走建筑中多余的热量，营造舒适的疗愈环境。打散、分组团的建筑间拉开的缝隙，设置有大量庭院，借此塑造建筑内部的微环境，形成院区—建筑主体—庭院的整体通风系统（图4.2.7、图4.2.8）。

图4.2.6 遮阳分析图

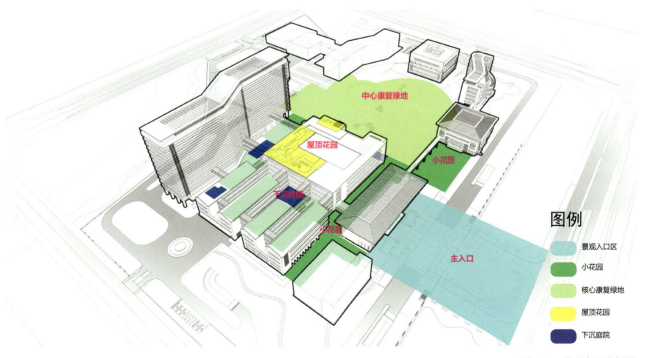

图4.2.7 景观布局分析图

图4.2.8 医疗街精装方案效果图

4.2.3 工程实施

海南省中医院新院区于2019年11月2日开工，2022年12月14日竣工（图4.2.9~图4.2.15）。

图4.2.9 院区主立面实景

图4.2.10 住院楼实景

图4.2.11 连廊实景

图4.2.12 手术部与ICU连廊实景

图4.2.13 医技楼与住院楼连廊实景

图4.2.14 门诊大厅实景

图4.2.15 医疗街实景

4.3 海南省疾病预防控制中心异地新建与公共卫生临床中心项目

图4.3.1 整体鸟瞰实景

项目规模：148399m²

建设地点：海口市

床 位 数：600床（公共卫生临床中心）

业主单位：海南省疾病预防控制中心

设计单位：中国中元国际工程有限公司

施工单位：海南海控中能建工程有限公司
　　　　　北京建工集团有限责任公司

监理单位：北京兴电国际工程管理有限公司

4.3.1 项目概况

面对突如其来的新冠疫情对疾控与医疗能力的巨大考验后，海南省梳理当前医疗服务、公共卫生和传染病防范体系的薄弱环节，特别强化了传染病防控行动。

海南省疾控中心异地新建项目的建设（图4.3.1），是贯彻落实《海南自由贸易港建设总体方案》"加强疾病预防控制体系建设，高标准建设省级疾病预防控制中心"部署要求的具体举措，将大幅提升海南省疾病预防能力、公共卫生科研水平与服务能力，筑牢公共卫生屏障。海南省公共卫生临床中心项目建成后，将成为集临床、教学、科研和预防功能于一体的三级综合医院，将大幅提升海南省重大传染病和慢性非传染性疾病的防控救治能力，进一步增强海南省突发公共卫生事件应急处置能力，保障公众健康，服务海南经济社会发展。

海南省疾病预防控制中心与海南省公共卫生临床中心毗邻建设。疾病预防控制中心用地面积80000m², 其中近期用地面积46666.67m², 近期总建筑面积为60817.98m², 其中地上建筑面积47603.98m², 地下建筑面积13214m², 近期用地内容积率为1.02。公共卫生临床中心用地面积127099.68m², 其中近期用地面积60613.91m², 近期总建筑面积为87581m², 其中地上建筑面积64581m², 地下建筑面积23000m², 近期用地内容积率为1.07。

4.3.2 疾病预防控制中心设计理念及特色

文化院落，南渡基因

疾病预防控制中心建筑群的布局采取了院落围合的形式，将场地内的几大功能院区相互融合，围合形成一个大型的庭院建筑群。建筑群围绕中部南北向绿化生态轴线分布，通过景观轴将建筑群凝聚成一个向心的有机整体（图4.3.2）。

图4.3.2 疾控中心鸟瞰效果图

病理研究，科学布局

海南省疾病预防控制中心作为省级疾病控制机构，其安全、保卫是第一位的，其布局需全面考量潜在的风险，不同的布局模式直接影响对周边环境的危害程度。针对疾病预防，一方面是参照医院标准实现洁污分流；另一方面，考虑风向确定布局，减小研究对象泄露的风险（图4.3.3）。

海口主导风向为东北风和东南风，由于场地受限，按照对环境影响由小到大的原则，最南侧布置了综合业务楼；中间布置微生物实验楼、理化实验楼、生物安全实验楼；场地最北侧布置辐射安全实验楼及毒理和病媒实验楼。其中场地西北角主导风向对于园区内部整体环境的影响相对较小，此区域从南到北依次设置了生物安全实验楼（顶层设置P3实验室）以及毒理和病媒实验楼（顶层设置动物房）。

图4.3.3 疾控中心功能分区图

4.3.3 公共卫生临床中心设计理念及特色

医汇山海，园院相生

公共卫生临床中心主体建筑医疗综合楼以南北向的医疗辅助空间为轴线，各核心医疗功能的建筑对称式分布在轴线两侧（图4.3.4）。建筑之间为半围合院落式景观绿地，强调了"园林式"医疗氛围。

院区建筑遵循生态优先，充分考虑室内外景观的相互融合，打造一个花园式的绿色公共卫生临床中心。通过楼间休闲花园、特色廊下景观、室外景观走廊、多维立体下沉庭院等多层次景观体系，为医护工作者及患者提供与自然的随时接触，舒缓紧张节奏，强化疗愈空间（图4.3.5）。

图4.3.4 公卫中心总平面图

图4.3.5 公卫中心鸟瞰效果图

科学分诊，相得益彰

公共卫生临床中心平时作为综合医院及传染病医院同时使用，在紧急防疫时快速切换为拥有600床的传染病医院。在流线设计上进行科学分诊，平时服务好不同患者。

一般疾病的门急诊病房与传染病诊区的绝对分隔，通过设置南北两个不同方向的就诊流线解决：南侧经门急诊大厅后通过电梯将患者导流至不同科室诊室（图4.3.6）；北侧设传染病专用诊疗大厅，经分诊后前往相关传染病诊区。各诊区保持独立，其污染区、半污染区及清洁区分区严格，医患洁污分流明确，严格按照"三区两通道"原则进行设计（图4.3.7）。

图4.3.6 公卫中心门诊大厅精装方案效果图

图4.3.7 公卫中心行政楼前厅精装方案效果图

4.3.4 工程实施

海南省疾病预防控制中心异地新建与公共卫生临床中心工程于2020年12月28日正式开工。海南省疾病预防控制中心异地新建项目2023年9月竣工，海南省公共卫生临床中心项目预计2024年竣工（图4.3.8～图4.3.13）。

图4.3.8 疾控中心鸟瞰实景

图4.3.9 疾控中心实验室实景1

图4.3.10 疾控中心实验室实景2

图4.3.11 疾控中心综合业务楼中庭实景

图4.3.12 公卫中心门厅实景

图4.3.13 疾控中心应急指挥大厅实景

4.4 上海交通大学医学院附属瑞金医院海南医院（博鳌研究型医院）一期项目

图4.4.1 一期院区鸟瞰实景

第4章 医疗类项目管控要点及实践案例

项目规模：90269m²

建设地点：琼海市

床 位 数：500床

业主单位：海南省人民医院

设计单位：深圳市建筑设计研究总院有限公司

施工单位：中铁建设集团有限公司

监理单位：陕西省工程监理有限责任公司

上海交通大学医学院附属瑞金医院海南医院(博鳌研究型医院)二期项目

图4.4.2 二期院区鸟瞰效果图

项目规模：57003m²

建设地点：琼海市

床 位 数：500床

业主单位：上海交通大学医学院附属瑞金医院海南医院（海南博鳌研究型医院）

设计单位：上海华东发展城建设计（集团）有限公司
上海霍普建筑规划设计有限公司

施工单位：海南发控建设工程有限公司
海南威特建设科技有限公司
上海建工四建集团有限公司

监理单位：北京兴电国际工程管理有限公司

4.4.1 项目概况

上海交通大学医学院附属瑞金医院海南医院（一期、二期，见图4.4.1、图4.4.2）是集医疗、科研、教学、预防、保健、康复为一体的国家区域医疗中心，项目位于琼海市博鳌乐城国际医疗旅游先行区。先行区作为全国唯一的医疗特区，享受国家赋予海南医疗卫生事业先行先试的政策优势。由此该项目天然具备创新基因，也促使其成为国际最先进创新药械进入中国市场的重要通道。本项目的建设将助力建成国家临床医学创新中心与先进技术国家医学研究中心，让国际新型设备、器械、药物更早、更好地惠及国人。此外，医院还将建设真实世界数据研究中心，汇集各医疗机构的临床数据，助力医疗及科研的发展。

该项目的建设标志着我国首个集医疗康复养生、生态节能环保、绿色国际组织和休闲度假于一体的绿色城市项目成立。

医院本着"总体规划、分步实施"的原则，一、二期建设规模分别为500床，组成整体承载力达1000床的大型综合性医院，以缓解海南省医疗资源紧张的现状。一期建设用地面积63328m^2，总建筑面积90269m^2，其中地上建筑面积79426m^2，地下建筑面积为10843m^2；二期建设用地面积22093m^2，总建筑面积为57003m^2，地上建筑面积38663m^2，地下建筑面积为18340m^2，建筑均为多层建筑。建设包括医疗用房（共享平台）、科研用房（设置国家先进技术临床医学研究中心）、国家热带病医学研究中心（国家重点生物实验室海南分中心）、生物样本库、后勤保障、专家宿舍及地下车库等功能。

4.4.2 一期设计理念及特色

多中心研究型医院

上海交通大学医学院附属瑞金医院海南医院（一期）方案以匠心雕琢，重新构想医疗功能的组织架构（图4.4.3~图4.4.8）。中心理念是将共享医疗中心巧妙置于场地中央，内含门诊与共享医技功能，而周边则呈现宛如放射状的布局，包括住院综合楼、研究中心、行政数据情报中心和后勤服务中心等。以共享医技为核心，采用"1+X"的多中心模式，同时确保各个中心相对独立，共同编织出一个紧凑而高效的环形功能服务网络，为医疗救治和科研提供高度便利的环境。通过巧妙的拓扑几何链接系统，方案展现出指状的布局，构筑了多样的花园空间，使每个中心都能欣赏宜人的花园景观之中。

热带海滨地域性建筑

组团设计灵感源自海滨独特的自然环境与海洋文化，建筑形态犹如海珊瑚般坐落于博鳌万泉河湾畔。建筑的外观展示了连续流动的动态美学，立面强调横向线条，开窗角度与景观方向统一，立面形成自然的海浪般肌理。由此建立起人与自然之间的情感共鸣，为居于其中的访客创造出居家般的疗愈体验。

建筑呈指状放射形布局，各个中心向四周开放，建筑与景观充分融合。建筑底层采用了大面积的架空设计，犹如迷人的"骑楼"，巧妙地适应了当地热带海洋性气候。

第 4 章 医疗类项目管控要点及实践案例

图4.4.3 一期总平面图

图4.4.4 一期内庭建筑方案效果图

图4.4.5 一期内庭景观方案效果图

图4.4.6 一期访客中心夜景效果图

图4.4.7 一期访客中心精装方案效果图

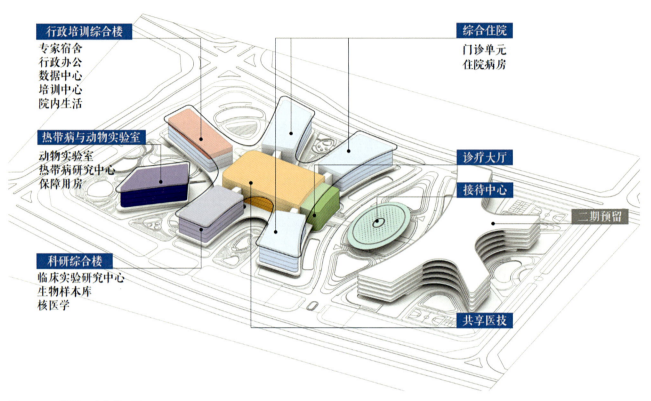

图4.4.8 一期院区功能分区图

4.4.3 二期设计理念及特色

集约化功能复合，资源共享

上海交通大学医学院附属瑞金医院海南医院（二期）用地相对紧张，在最大化利用地上可建空间的同时，充分考虑与一期资源共享，通过增加空中连廊与一期建筑群落形成便捷联系，最大化利用基础设施。设计考虑将医技中检验检疫功能与一期合用，极大减少功能占用面积的同时，最大化提升大型设备的使用效率；此外，还考虑将信息机房、配电、燃气、食堂、液氧站、太平间、污水站、后勤与物业管理等相关配套功能与一期建设合用，以此来保障急诊、门诊、ICU、手术室等核心功能均按照标准配置（图4.4.9~图4.4.14）。

提升医用物流系统效率

二期医院建设为了高效集约利用土地资源，同时提高医疗工作效率，减少不必要的后勤人力开支，节省运营成本，引入了整体式医用物流系统，用于医院内部各种日常医用物品的自动化快速传送，通过引进新技术设计建造现代化医院。根据设计方案，整体采用智能气动物流系统、轨道小车物流系统、智能AGV机器人物流系统的综合物流解决方案，实现医院医疗物资智能配送，形成一套科学合理有效的物流传输系统。专业的物流规划可以提升医院的管理水平和服务质量、优化就医环境。借助这一新技术措施，医院能有效提高物资运送效率；降低院内感控风险；减少病人的等候时间；便于集中使用与管理医院大型设备、降低运行成本；同时避免对竖向电梯的占用，减少医院运行高峰期的竖向交通拥堵，从而提升竞争力，促进医院的高质量发展。

第4章 医疗类项目管控要点及实践案例

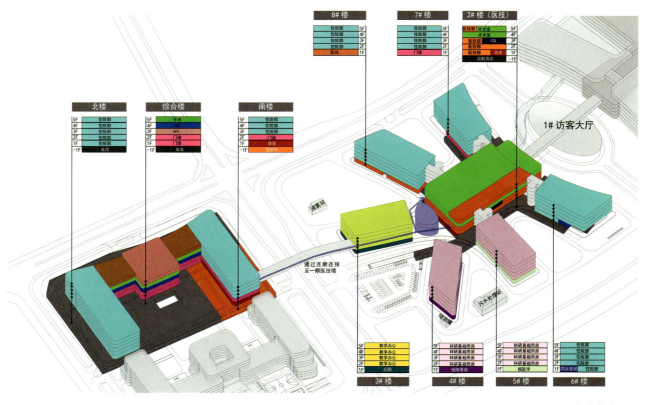

图4.4.9 二期功能分区图

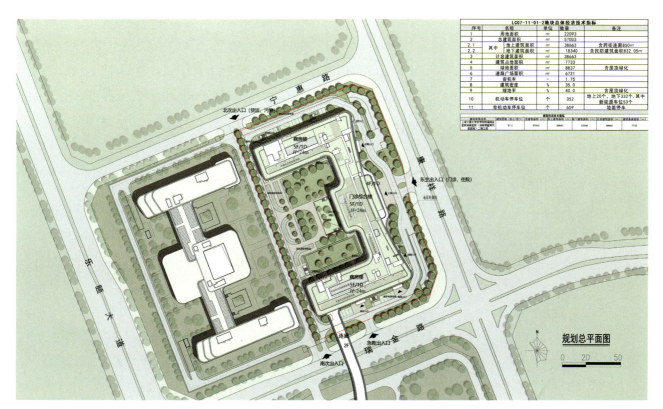

图4.4.10 二期总平面图

图4.4.11 二期综合楼东南侧建筑立面效果图

图4.4.12 二期综合楼西侧建筑立面效果图

图4.4.13 门诊大厅精装方案效果图

图4.4.14 一期住院楼病房精装方案效果图

4.4.4 工程实施

上海交通大学医学院附属瑞金医院海南医院一期工程于2020年3月30日开工，于2021年12月16日竣工；二期工程于2023年2月7日开工（图4.4.15～图4.4.23）。

图4.4.15 一期鸟瞰实景1

第 4 章 医疗类项目管控要点及实践案例

图4.4.16 一期医技楼入口实景

图4.4.17 一期架空区实景

图4.4.18 一期实验楼实景

图4.4.19 一期访客中心实景

图4.4.20 一期医技楼走廊实景

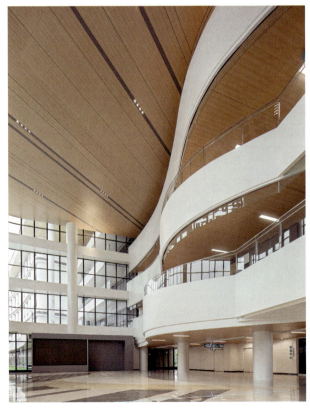

图4.4.21 一期医技楼大堂实景

图4.4.22 一期护士站实景

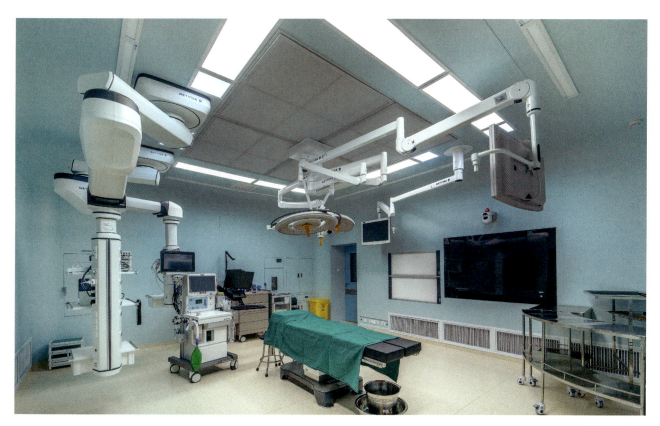

图4.4.23 一期手术室实景

4.5 海南医学院第一附属医院江东新院区项目

图4.5.1 院区鸟瞰效果图1

第 4 章 医疗类项目管控要点及实践案例

项目规模：306783m²
建设地点：海口市
床 位 数：2000床
业主单位：海南医学院第一附属医院
设计单位：中南建筑设计院股份有限公司
施工单位：海南海控中能建工程有限公司
中铁建设集团有限公司
监理单位：上海同济工程项目管理咨询有限公司

4.5.1 项目概况

海南医学院第一附属医院江东新院区紧扣海南自贸港的定位，着眼于江东新区未来发展及医疗需求，高起点、高定位，发挥该院特色传统及重点学科优势，侧重特色、重点专科发展，走差异化发展模式，利用科研转化、协同创新平台重点建设生殖遗传医院、急创医学中心、肿瘤防治中心、骨科医学中心、神经医学中心、慢病康养中心及病理分子诊断中心等，打造全省医学科研实验平台高地，着力解决重大疑难技术问题，引领医学教育及科研技术发展，把新院区建设成为高水平医疗服务中心、医学人才培养中心、转化医学研究中心、国家急创救治区域中心，建设成为海南自贸港与国际接轨的医院（图4.5.1）。

海南医学院第一附属医院江东新院区，用地面积

169680m²,总建筑面积306783m²,院区布置主要分综合医疗区和行政科研教学区两个区域组团(图4.5.2)。

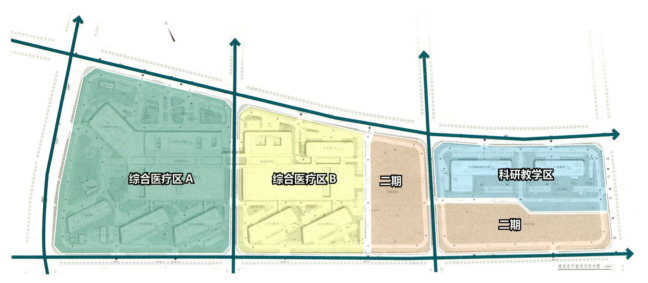

图4.5.2 院区一、二期界面及建筑功能分区图

4.5.2 设计理念及特色

面向未来的国际"医疗航母"

在海南特殊的地域环境下,通过因地制宜的空间手法和构造方式创作出具有热带滨海特色的医院环境,构建一座极具椰风海韵特色、面向未来的国际"医疗航母"(图4.5.3、图4.5.4)。

椰之林——海南地域特色植物椰子树的树叶纹理从中间向四周延伸,放射状排列,边缘呈优美的波浪形态。设计提取其特征元素,运用椰子树元素

图4.5.3 院区总平面图

简化出图案，构成住院楼的整体形态，运用动态流畅的设计语言展现院区优美环境，犹如一片椰之林。

海之贝——贝壳是海洋特征元素的代表，提取贝壳的形状及纹理元素，来体现建筑造型的动态与流畅。急创中心层层退台，形体犹如一颗海之贝，点亮这座滨海"医疗航母"的生机。

高效整合医疗系统

总体布局整合两大功能主体，以综合体的策略集约布置，打造三区一园的规划格局。功能划分上，综合医疗区布置于西侧及中部地块（图4.5.5），向东发展延伸；行政备勤区位于东侧地块，相对独立；在中部地块东侧及东部地块南侧预留远期发展用地；设置景观花园，作为城市花园的远期预留，使医院成为城市景观的一部分。

设计秉承开放、生态、智能、活力、人性以及平疫结合的设计理念。形象设计上，建筑打开临街界面联通城市脉络，增强城市联系。景观设计上，立足于患者的就医体验，设置生态立体花园，打造疗愈型生态景观系统。空间设计上，坚持医患并重，增加服务、文化、关怀等柔性空间，塑造有温度的医疗空间。功能设计上，整合智能化技术，融合大数据、云平台、社区医疗等数字技术，打造智能化医疗系统。同时，注重建筑功能的平疫结合，统筹兼顾平时与紧急时医疗功能快速灵活转换，提升重大疫情防控与应急医疗救治能力。

图4.5.4 院区鸟瞰效果图2

塑造现代简约的建筑形象

立面设计采用现代简约的建筑风格，在造型上利用了建筑本身的形体关系营造空间张力，同时塑造尺度均衡且丰富的进退城市界面，运用体块的虚实对比关系突出其体量感，以浅色系的外装饰面材料结合浅灰色透明玻璃窗为主要材料，配以横向格栅线条强化横向医疗建筑特征，反映医院建筑整洁和素雅的治愈特色，细部丰富而有构造脉络可循。整体建筑形象鲜明、富有现代感和时代特色，设计力求简洁明快，注重标志性而不失典雅，保持医院建筑的协调共生。

以街巷式布局打造高效的医疗体系

利用医疗街串联门诊、医技、病房等各个功能模块，创造易于识别和便利通达的医疗环境，围绕医疗设置丰富的商业服务设施，营造温馨的空间氛围。从门诊综合大厅到各科室候诊厅通过"街"来联系，各科室的内部通道为"巷""街巷"空间模式的组织，建立主次分明的交通系统，行走其间，容易识别的强方向感也带给使用人群极佳的使用体验。

营造与时俱进的医疗空间

海南医学院第一附属医院江东新院区目标彰显新区的年轻活力以及海南医学院附属医院的深厚医学底蕴，内部塑造清新明快的空间氛围，通过材料组织、标识设置、卫生材料遴选、噪声控制、灯光分区、无障碍细部等多方面精细化设计，塑造一个整洁、舒适的就诊环境。选择防水、防潮、防尘、易于清洁的医疗板及橡胶材料，以大块浅色材料的通铺做底，搭配木色局部点缀，满足审美需求的同时兼顾实用性和可行性（图4.5.6、图4.5.7）。

医院的灯光设计除按规范控制照度外，色温采取分区规划与过渡衔接，从门厅、医疗街到病房内部色温由冷到暖逐步变化，依次过渡，使患者经过快速通过性空间前往等候休息治疗空间时，逐渐温暖的光环境氛围带来更温馨的心理感受。

图4.5.5 西侧建筑立面效果图

第 4 章 医疗类项目管控要点及实践案例

图4.5.6 医疗街精装方案效果图

图4.5.7 报告厅精装方案效果图

4.5.3 工程实施

海南医学院第一附属医院江东新院区工程已于2021年3月13日开工，计划于2024年竣工。

4.6 国家紧急医学救援基地(海南)建设项目

图4.6.1 东北视角鸟瞰效果图

项目规模：68088m²

建设地点：海口市

床 位 数：300床

业主单位：海南医学院第一附属医院

设计单位：中南建筑设计院股份有限公司

施工单位：海南发控建设工程有限公司

中铁建设集团有限公司

海南威特建设科技有限公司

监理单位：北京兴电国际工程管理有限公司

4.6.1 项目概况

国家紧急医学救援基地（海南）项目专项建设是为了完善服务南海方向上的海上紧急医学救援保障体系。本项目的实施，将依托现海南医学院第一附属医院为建设主体，依托所属国家紧急医学救援队，探索建立陆、海、空立体化协同，满足海南省全域（本岛和所属海域）范围内危急重症、创伤救治和重特大突发事件应对需求，形成具有海南自贸港特色的紧急医学救援体系（图4.6.1）。

救援基地紧邻海南医学院第一附属医院江东院区建设，新增配套建设300张应急床位的规模；此外，项目充分依托现有基础设施，借用其中10%承载能力（200床），能在接到紧急指令6小时内快速转换成为总救治能力达500床的应急救援基地。项目总建筑面积为68088m²，其中，地上建筑面积为

23542m²，地下建筑面积为44546m²，主要建设伤员救治中心（应急救援病房）、教学科研中心、专用仓库及特种车库等。

4.6.2 设计理念及特色

救援航母，疗愈椰林

建筑形体采用轴线对称模式，底层出挑形成宽大的联系平台，既可以为底层遮风挡雨，又提供了一个交流休闲平台，同时流线形体寓意海上的医疗航母。入口雨棚以海南本土植物椰树为原型，转译为建筑结构形式，同时增设遮阳大进深挑板提供如树荫般的活动场所，结合遮阳平台，形成疗愈椰林，为患者和医护人员提供一个高效舒适的救援平台。

建筑的形体用两翼状的框架形成向上的动感。适应当地气候条件，主入口设置大挑檐雨棚遮阳挡雨，方便活动，成为整个基地及医院的视觉中心和主要形象焦点。建筑群落手法统一又不失变化，同时与广场、庭院等空间元素巧妙结合。通过核心绿化、街边绿化、屋顶花园多层次景观系统，打造生态化的花园式医院环境，让医院的景观一步到达，实现自然景观疗愈的目的（图4.6.2~图4.6.4）。

顺畅衔接现有基础设施

国家紧急救援基地为合理优化资源分配，结合与海南医学院第一附属医院（以下简称"海医一附院"）合建的现状，充分考量平时医疗服务与紧急救援的多种情境，统筹规划，采取明确清晰的区域布置，为平时及紧急时期灵活转换预留充分的可能性。为充分借用海医一附院的现有基础设施，批量伤员救治中心及教学科研中心设在西侧场地，通过架空连廊与海医一附院医疗综合楼医疗副街相连，

图4.6.2 东侧建筑立面效果图

形成导向明确、流线通畅的医疗流程体系。项目通过合理的分区设置实现与海医一附院的功能和资源共享，充分发挥与大型、综合地集医疗、教学、科研于一体的三级甲等医院进行合建的优势，促进健全紧急医学救援管理机制，提升紧急医学救援处置能力和收治能力，推进医疗救援信息指挥、专业人才培养、相关研究和成果转化及推广等方面工作高效完成。

图4.6.3 总平面图

图4.6.4 北侧建筑立面效果图

4.6.3 工程实施

国家紧急救援基地（海南）工程已于2023年6月30日开工，计划2026年5月竣工。

4.7 海南省人民医院南院（观澜湖）项目

图4.7.1 院区鸟瞰效果图

第 4 章　医疗类项目管控要点及实践案例

项目规模：140990m²
建设地点：海口市
业主单位：海南省人民医院
设计单位：上海建筑设计研究院有限公司
施工单位：海南海控中能建工程有限公司
　　　　　中国建筑第五工程局有限公司
监理单位：浙江江南工程管理股份有限公司

4.7.1　项目概况

海南省人民医院南院（观澜湖）项目位于海口市观澜湖片区（图4.7.1）。立足于观澜湖片区建设成为体育+文化旅游产业集聚区、国际旅游消费中心规划定位，着力开展海南省人民医院南院（观澜湖）项目，以此为海口南部片区、国际旅游度假区等提供更为优质的医疗服务，为各市县赴海口就医的患者提供更为便捷和高效的就医环境，为观澜湖片区承担体育运动示范、旅游消费供给、演艺文创体验、商务办公交流等重要功能提供公共保障，为建设区域医疗中心以及优化自贸港建设营商环境提供有力支撑。

本项目总用地规划面积为103206m²，建设总建筑面积140990m²，新增1000张床位接诊能力。地上建筑面积105295m²，地下建筑面积35695m²，分为三个建筑主体：中心医疗区（含独立发热门诊）、科研办公区及后勤保障区。

4.7.2 设计理念及特色

两轴一心,集约高效

医院规划本着为功能服务的原则,结合用地条件因地制宜地设置功能分区。布局以医技楼为核心,其他功能分区围绕布置展开,贯穿整个布局布置两条规划轴线,主轴贯穿一期主建筑群,次轴贯穿两个前广场,形成"两轴一核心"的规划理念(图4.7.2~图4.7.4)。

建筑沿街立面顺应地块形态,在场地东侧形成以住院前广场及原有生态田地为核心的视线景观,裙房采取集中型分布的同时将绿化景观引入内部,公共部分空间通透,视线开阔,功能部分紧凑集中。功能区域模块化设计,相对独立,自成体系,分而不散,结构灵活且充满活力。采取以病患便捷为前提的人性化服务体系、以急诊手术为主线的快捷抢救体系等设计措施,本着"动静分流、医患分流、患患分流、洁污分流"的组织原则,进行顺畅清晰的医院流线设计,能够最大程度地体现对病患的人文关怀。

图4.7.2 住院楼西侧建筑立面效果图

第 4 章 医疗类项目管控要点及实践案例

图4.7.3 南侧建筑立面效果图

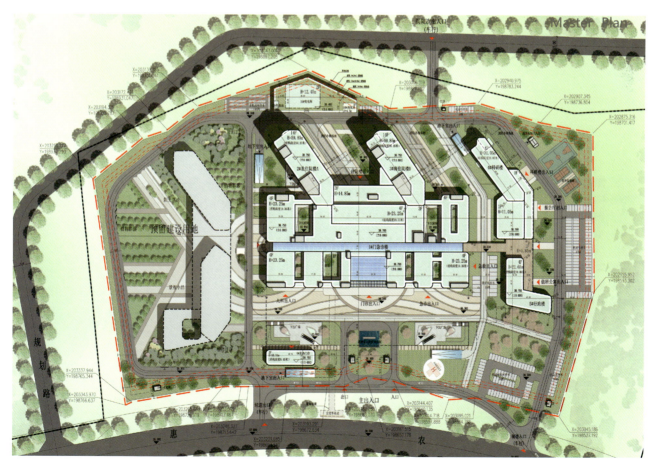

图4.7.4 院区总平面图

逐浪扬帆，古今交融

医院的外部形象设计从海南本土自然元素中抽取风帆、磐石、优美海岸作为设计意向。群楼形体描摹帆船意向，通过形体转折、起翘营造扬帆起航之意，立面采用大块面的虚实对比手法，构图以横向线条为主，挑板、格栅不仅起到十分有效的遮阳效果，同时配合横向长窗的设计增加层次与立面质感，凸显医院建筑现代简约的特征，打造海南地区具有标志性和时代感的建筑形象（图4.7.5～图4.7.7）。

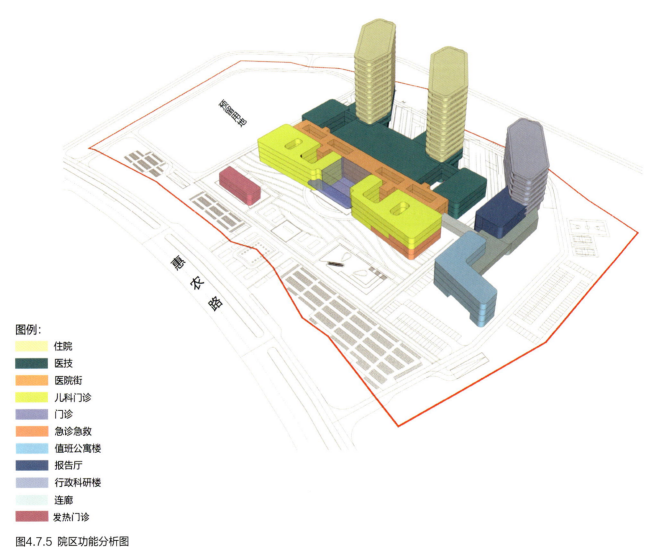

图例：
- 住院
- 医技
- 医院街
- 儿科门诊
- 门诊
- 急诊急救
- 值班公寓楼
- 报告厅
- 行政科研楼
- 连廊
- 发热门诊

图4.7.5 院区功能分析图

图4.7.6 西侧建筑立面效果图

图4.7.7 风帆意向细部分析图

花园散布,疗愈身心

院区以建设绿色医院概念为导向,努力将其打造成国内一流的人文-智慧-生态医院,进一步提升城市创新度、开放度和市民感受度。

采用生态建筑的设计手法,强调充分利用自然的通风、采光条件,有组织地设计自然气流进行总体布局,以形成有效舒适的医疗环境。建筑组团内部,如门诊楼和出入院大厅借助中庭组织建筑内部气流,放大"烟囱效应",达到自然通风、除湿降温的作用。

景观环境打造借用传统造园手法,以路为脉,贯穿整个院区。将大面积的绿化布置在院区各组团之间,充分发挥绿化的环境生态效应,净化空气,降温除尘。基地西侧的中心绿地的生态作用尤为明显,散布的"绿肺",对于调节院区内生态环境起到了至关重要的作用(图4.7.8~图4.7.10)。

图4.7.8 主入口景观方案效果图

图4.7.9 门诊大厅精装方案效果图

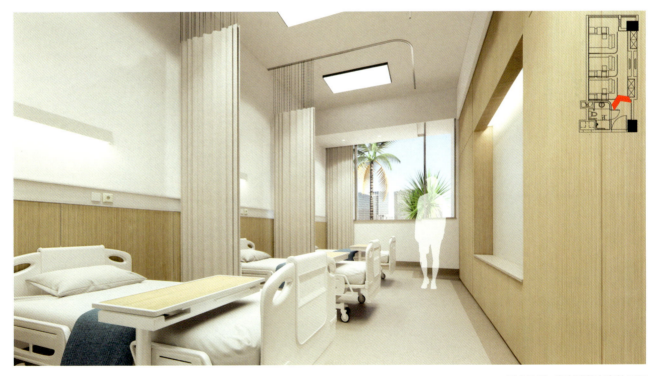

图4.7.10 病房精装方案效果图

4.7.3 工程实施

海南省人民医院南院（观澜湖）工程于2021年3月13日开工，计划于2024年竣工。

4.8 海南省老年医疗中心项目

图4.8.1 整体鸟瞰效果图

项目规模：127951m²

建设地点：海口市

业主单位：海南省老年病医院

设计单位：上海建筑设计研究院有限公司

施工单位：海南发控建设工程有限公司
　　　　　中国建筑一局（集团）有限公司

监理单位：北京兴电国际工程管理有限公司

4.8.1 项目概况

海南省老年医疗中心项目确立的初衷是在人口老龄化加剧的背景下提升海南省老年病医院的医疗服务能力，进一步完善海南卫生健康事业总体布局（图4.8.1）。项目详细分析老年病医院现状，从"医院性质——老年医院特色——海南地域个性"层层推导，立足海口市，服务周边区域，意在打造一个集医疗、预防、保健、康复、健康管理、教学、科研为一体的区域老年医疗中心。

海南省老年医疗中心项目选址位于海南省老年病医院院内，总用地面积72781m²，总建筑面积127951m²，地上总建筑面积109439m²，地下建筑面积18512m²。院区借此次机会提升医疗服务能力，医疗床位增至300张。保留水疗中心、住院楼、体检楼、膳食中心等，并新建医疗街、门急诊部、医技楼以及住院部等功能区，整体布局紧凑，分区明确。

4.8.2 设计理念及特色

组织重构，高效集约

设计针对老年病医院的用地现状，以"一轴、二区"形式整合功能布局，通过南北向展开布置的景观轴线，将原有东侧职工宿舍板块与西侧医疗板块进行有效区分。在景观轴线的总体统筹下，建筑规划采用集中式布局方式，门诊医技位于低层裙房，住院楼位于裙房上部，分成两个护理单元（图4.8.2～图4.8.8）。

图4.8.2 东侧建筑立面效果图

图4.8.3 西北侧建筑立面效果图

第 4 章 医疗类项目管控要点及实践案例

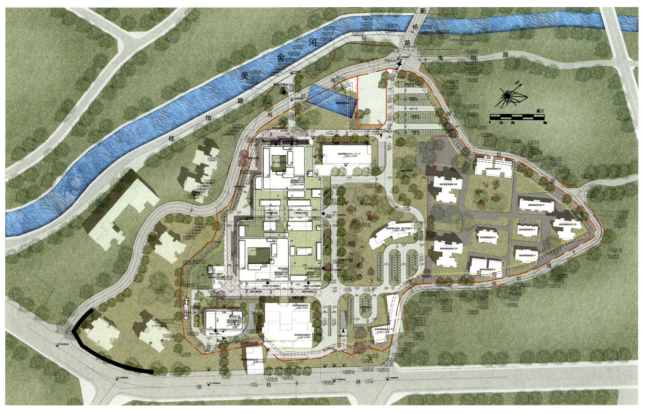

图4.8.4 院区总平面图

功能分析

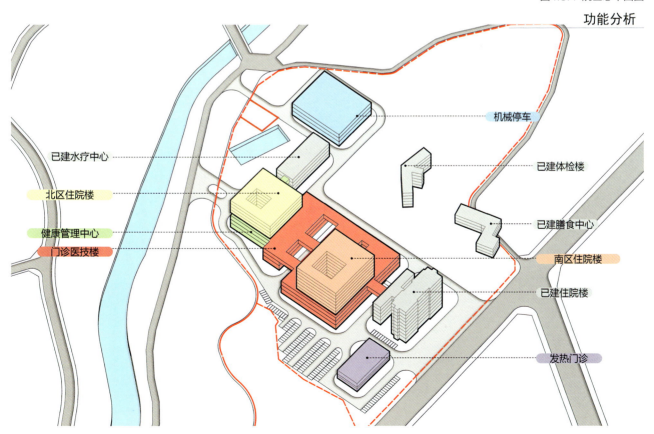

图4.8.5 建筑功能分区图

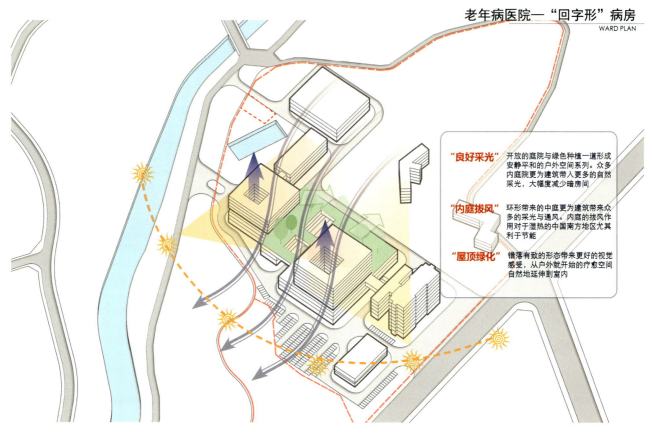

图4.8.6 病房分析图

人性化的疗愈花园

老年医疗中心总体布局在追求高效集约的同时，也为医院让出了更多的土地进行室外景观环境设计。医疗中心通过对城市地域特征及地形环境的充分利用，营造出别具地方特色的花园广场以及建筑庭院环境。错落有致的建筑形态结合屋顶绿化，使得具有疗愈性的景观空间自然渗透入室内，带给使用者极佳的空间体验。

景观设计本着多层次、立体化的原则，通过具有保健功效的不同种类植物搭配，构建疏林花地、园艺花境、规则种植、庭院灌丛等具有疗愈性的多层次室外景观环境，体现出医院对医患的人性化关怀，让老年人与医生在医院就诊与工作的过程中都能时刻享受到阳光和空气。

图4.8.7 门诊医技住院楼北侧入口建筑方案效果图

图4.8.8 门诊医技住院楼中庭建筑方案效果图

4.8.3 工程实施

海南省老年医疗中心工程于2023年6月30日正式开工,计划于2024年底竣工。

4.9 海南省妇幼保健院异地新建项目

图4.9.1 院区鸟瞰实景

第 4 章 医疗类项目管控要点及实践案例

项目规模：99191m²
建设地点：海口市
业主单位：海南省妇幼保健院
设计单位：中南建筑设计院股份有限公司
　　　　　华东建筑设计研究院有限公司
施工单位：海南海控中能建工程有限公司
　　　　　中国建筑第八工程局有限公司
监理单位：浙江江南工程管理股份有限公司

4.9.1 项目概况

在自贸港建设的大背景下，海南省妇幼保健院异地新建项目借助政策、制度及技术优势成为海南省政府推动省会城市三级医院布局结构调整重点建设项目。该项目是海南省"十四五"卫生健康规划全生命周期健康保障工程，也是2022年海南省重点（重大）项目。项目以省妇女儿童中心现有学科体系为基础，推动医疗、教学、科研、预防和管理的跨越式整体发展，努力把省妇幼中心建设成为立足海南、服务全国、辐射东南亚的区域性妇女儿童医疗中心（图4.9.1）。

海南省妇幼保健院异地新建项目周边城市绿地、景观资源丰富，东侧与海南省儿童医院紧邻方便两院协同，共同打造妇幼保健和儿童专科医院学科体系。该项目总用地面积55374m²，总建筑面积99191m²，其中地上建筑面积76607m²，地下建筑面积22574m²，包括门诊保健综合楼、医技楼、住院楼以及行政科研楼等功能区，整个院区设置有医疗床位500张。

4.9.2 设计理念及特色

怀抱自然与城市，拥抱健康与未来

海南省妇幼保健院通过三个转折的建筑形体围合绿化景观，呼应城市关系，将整个建筑打造成一个怀抱自然的健康疗愈大花园。总体建筑布局从北至南，从疾病区到健康区过渡，分别设置住院急救医疗区、门诊医疗区、预防保健区及行政科研区。院区各功能用房相互独立，可实现独立出入以及分区管控，同时又通过健康通廊互相连接，形成既相对独立又联系紧密的有机整体（图4.9.2～图4.9.4）。

医院交通流线设计借鉴航站楼模式，引入"双首层"的立体交通体系，实现人车分流、不同人群分流以及出入院车辆分流。交通流线设计为不同需求的人群设置专用道路和出入口，快速便捷地从城市道路到达各个功能的建筑内，缩短行程距离。

图4.9.2 院区夜景鸟瞰效果图

第 4 章 医疗类项目管控要点及实践案例

图4.9.3 门诊住院楼东南侧建筑立面效果图

图4.9.4 院区立体交通分析图

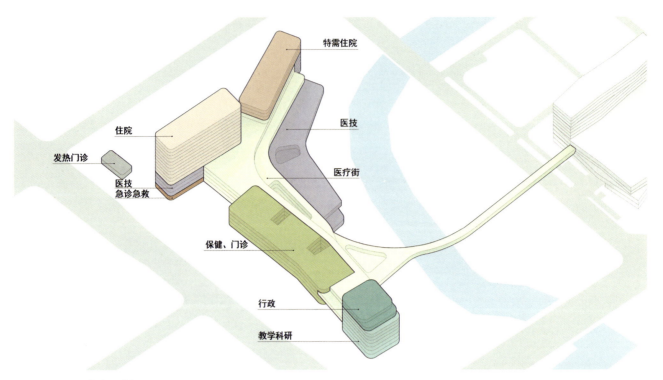

图4.9.5 院区功能布局分析图

怀抱自然
所有公共空间可见绿色；所有医疗空间充满阳光；所有病房面向景观，为患者营造花园般的疗愈环境

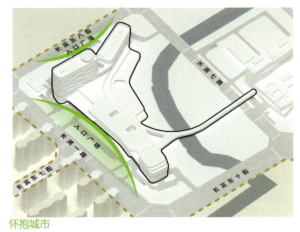

怀抱城市
医院向城市开放，建筑向环境开放。融合海南当地特色和建筑风貌

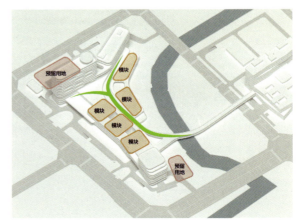

图4.9.6 院区规划分析图

源海浪之形，塑风动之姿

院区主楼和裙房的建筑立面设计通过利用立面构件弧度的变化，模仿大海在海风吹动下的动态趋势，赋予建筑流畅、连贯的风格，配以丰富的色彩变化，尊重当地气候条件设计绿色建筑的同时，体现海南省妇幼保健院的地域性特质（图4.9.5、图4.9.6）。

以医患为核心的疗愈景观

景观设计方面，迎合三个转折建筑体量的不同朝向分别设置以"见悦""光愈"以及"绿氧"为主题的三个景观花园，结合屋顶景观步道，为患者及医护人员提供丰富的疗愈环境。植物种植选取特色热带棕榈类植物为主，结合当地特色观赏植物，形成集生态效益、康体保健以及赏心悦目于一体的热带植物景观（图4.9.7~图4.9.10）。

图4.9.7 景观方案效果图

图4.9.8 中厅精装方案效果图

图4.9.9 门诊大厅精装方案效果图

图4.9.10 儿童保健大厅精装方案效果图

4.9.3 工程实施

海南省妇幼保健院异地新建工程于2020年12月29日正式开工,计划于2024年上半年竣工(图4.9.11～图4.9.14)。

图4.9.11 院区实景

图4.9.12 门厅实景

图4.9.13 门诊大厅实景1

图4.9.14 门诊大厅实景2

4.10 海南省人民医院医教协同项目

图4.10.1 学生宿舍实景

第 4 章 医疗类项目管控要点及实践案例

项目规模：52654m²
建设地点：海口市
业主单位：海南省人民医院
设计单位：中南建筑设计院股份有限公司
施工单位：海南海控中能建工程有限公司
　　　　　中铁建设集团有限公司
监理单位：瑞博工程项目管理有限公司

4.10.1 项目概况

海南省人民医院医教协同项目是海南省首个直接在医院中建设临床医学院的改革示范项目，项目立足国家要求海南创新人才培养支持机制，加强教育培训合作，深化产教融合的大的政策背景，在医教融合方面加大创新力度，充分发挥全省公立医院医教协同人才培养领军作用，弥补自贸区医学人才短板，为建设区域医疗中心提供优质人才保障（图4.10.1）。

项目总用地面积7497m²，总建筑面积52654m²，地上建筑面积45058m²，地下建筑面积7596m²，建设内容主要包括临床教学楼和学生宿舍楼。

4.10.2 设计理念及特色

以医教协同为目标，以科学合理为准则

为充分展开医教协同改革，实现医教流畅互通，项目选址于海南省人民医院院内，其中临床教学楼位于院区北部原门诊楼南侧，学生宿舍楼位于院区西部，在现状人民医院后勤楼西侧，总体布局注重与周围环境和谐统一。以医教协同为目标，合理组织建筑总体布局、功能分区以及交通流线，科学规划建筑平面布局及出入口设置（图4.10.2～图4.10.4）。

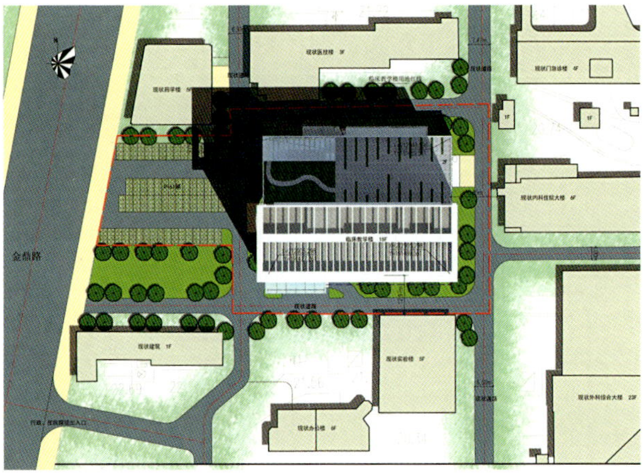

图4.10.2 学生宿舍楼总平面图

图4.10.3 临床教学楼总平面图

简洁现代之形，琴键悦动之韵

建筑造型充分体现医院的特点，素雅简洁，创造出独特的建筑形象和空间感受。采用白色铝板为主材，点缀木色铝板的线条，铝板柔和平缓的白色和玻璃的深蓝色质感形成鲜明对比，搭配外立面横向线条和竖向随机线条的组合，使整个建筑立面犹如悦动的琴键一般，舒缓展开，极富韵律。同时结合海口炎热的气候特点，采用构件遮阳、风筒通风、布置立体绿化等多种设计手法达到较好的节能效果，形成富有特点的整体造型。

4.10.3 工程实施

海南省人民医院医教协同工程于2020年12月31日开工，于2023年6月16日竣工（图4.10.5、图4.10.6）。

图4.10.4 学生宿舍楼建筑立面效果图

图4.10.5 学生宿舍楼实景

图4.10.6 临床教学楼实景

4.11 四川大学华西乐城医院

图4.11.1 院区鸟瞰实景

第 4 章 医疗类项目管控要点及实践案例

项目规模：66388m²

建设地点：琼海市

床 位 数：200床

业主单位：海南省发展控股有限公司

设计单位：悉地国际设计顾问（深圳）有限公司

施工单位：中国建筑一局（集团）有限公司

监理单位：上海建科工程咨询有限公司

4.11.1 项目概况

四川大学华西乐城医院位于海南博鳌乐城国际医疗旅游先行区，由海南控股、海南博鳌乐城国际医疗旅游先行区管理局投资，四川大学华西医学中心各附属华西医院负责运营。本项目是海南控股积极布局大健康领域，落实海南自由贸易港发展战略，大力发展健康服务业的重要举措。项目建成后，将为实现区域医疗资源互通互联奠定重要基础（图4.11.1）。

项目总建设用地约63亩，建设内容包括医疗综合楼和专家宿舍楼，总建筑面积66388m²（地上建筑面积43121m²，地下建筑面积23267m²）。医院设置床位数200张，共开设14个诊疗中心、10个医技平台及洁净病房单元。医院以乐城医疗先行区先行先试政策为抓手，以临床研究前沿技术与国际标准为核心，以肿瘤、罕见病和干细胞为三大核心诊疗方向，将通过打造一系列优质的医学品牌，提供优质、高效、集成的临床研究与转化服务，吸引国内外专家进驻，开展新药械的创新性临床研究，突破新药械转化的"最后一公里"壁垒，成为华西临床研究对外的窗口、乐城先行区的医学名片、国内临床研究型医院的标杆。

4.11.2 设计理念

建筑沿河展开，最大化利用景观资源，给患者营造一个舒适的就医环境，有助于患者康复。同时建筑也呈南北朝向，最大限度地利用了日照。紫外线可以帮助病房除菌，明亮的光线也会消除患者的紧张情绪。

基于场地长条形的布局，项目把医技、护理单元和门诊三个主要功能用环形动线串联起来，保证同一个楼层能快速抵达，同时在两个流线的交接节点处设置电梯组，保证了楼上楼下的快速运输，达成高效而便捷的服务使用效率（图4.11.2～图4.11.4）。同时，项目从整体到局部都做到洁、污严格分区与分流，互不交叉影响，有效降低与控制院内交叉感染。

图4.11.2 院区总平面图

图4.11.3 院区夜景鸟瞰效果图

图4.11.4 医疗综合楼建筑方案效果图

结合海南本地气候特征，将建筑地下一层、地上二层进行局部架空处理，形成灰空间，能增加空气流通，隔绝地面湿热与蚊虫毒害，提供干爽舒适的环境。架空层提供机会，结合设置遮阳棚，形成多个户外花园平台，以供患者与医护人员能便捷地抵达室外。错落的阳台种上绿植，形成流动的立面和垂直绿化，颇具热带特色（图4.11.5）。

现代医院设计强调"以人为本，以病人为中心"。因此，为突出对病人的人文关怀，在设计中特别注重营造良好的室内外环境和建筑空间气氛的情感引导，充分利用自然环境，为病人创造一个良好的治疗和康复环境。

图4.11.5 室医疗综合楼南侧景观透视效果图

4.11.3 工程实施

四川大学华西乐城医院工程于2020年7月13日开工，于2023年5月30日竣工（图4.11.6～图4.11.14）。

图4.11.6 建筑立面实景

图4.11.7 医疗综合楼中庭景观实景

图4.11.8 医疗综合楼步道实景

图4.11.9 医疗综合楼中庭景观实景

图4.11.10 门诊出入口实景

图4.11.11 门诊出入口侧立面实景

图4.11.12 住院部出入口实景

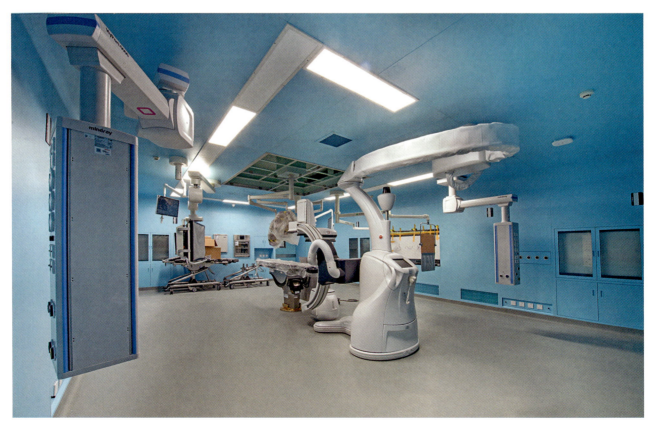

图4.11.13 手术室实景

图4.11.14 大堂实景

4.12 本章小结

本章介绍了海控置业在医疗领域代管项目的管控要点和实践案例。基于医疗领域项目专项多且复杂的特性，管理团队在前期阶段建设规模标准研究、设计阶段医疗专项管控、施工阶段装修管控、施工阶段医疗设备安装管控四个方面进行了重点把关，形成了一套特有的医疗建筑代管方法。同时，还介绍了海南省中医院新院区、省疾控中心和公卫中心、上海交大附属瑞金医院海南院区等一批高标准医疗项目的功能、规模、设计特色及工程实施情况，展现了海南省在医疗领域的建设成效。

第 5 章

教育类项目管控要点及实践案例

本章序一

撑一把伞

每当提到三亚,我眼前总浮现出那湛蓝的天,碧蓝的海,那一年四季都永远灿烂的阳光,那阳光下茂密的椰林和漂亮女孩子头顶上的阳伞。为什么有这么强的印象呢?大约是因为没有那树荫和阳伞,烈日下或许晒得厉害,便影响了看云、看海的心情。

我常常用这种体验的记忆想建筑。在三亚、在海南岛,建筑应该长成什么样子呢?它肯定要有宽阔的视野,但这不意味着要设计大面积的玻璃幕墙;它肯定要有宽敞的前厅,但不一定要设计华丽的大堂;它肯定要有室外观景的平台,但不能是裸露于烈日下的晒场;它肯定要有长久的品质,但不能总靠大量的装饰墙板;它肯定要凉爽舒适,但不一定全依赖室内空调;它肯定要遮雨防涝,但不应将珍贵的淡水全都排到海里。

我把建筑想象成一把伞,为人们撑起一片荫凉;我把建筑想象成一座礁崖,从大地上隆起,经得起风吹浪打;我把建筑想象成一片园林,让工作在里面的人们处处见绿、处处有景;我把建筑想象成一组开放的平台,集约、高效、灵活,具有长久的使用价值;我把建筑想象成人们交流的客厅,云天碧水让心胸宽阔,让创意激发!

我就是以这样的心态为海南大学在崖州湾科技城设计一座生物医学中心,实用、经济、绿色、美观,期待它为科技创新搭好平台,为三亚城市绿色发展做出示范。

中国工程院院士 崔愷

本章序二

"十四五"时期是海南省高质量高标准建设中国特色自由贸易港的关键五年。海南医学院桂林洋新校区建设是海南省发展医疗健康产业并奠定人才基础的重要举措，也是海南加快建设国际教育创新岛、建设国内热带医学特色鲜明的高水平医科大学的重要战略项目。自2022年至今，我和我的团队有幸参与该项目的设计建设工作。

海南医学院作为海南省唯一的一所高等医学院校，我希望它不仅能体现育人为本、学科融合、生态和谐、可持续发展的设计理念，而且还可以成为极具医学特色且能经受得住时间考验的韧性建筑。

未来的医学类大学校园空间应该是共享的、多义的。我们曾多次前往海南，充分考虑海南地域文化、教育理念、空间尺度等多重因素后，校园的规划架构以"一轴两心三环"的形式呈现。我们希望打造一所花园式的研究型大学，将植物生长系统融入校园规划理念，将研究和学习融入一个具有生命力的校园规划中，强有力的主干为各个研究单元供给丰富的养料，由相互交叉的不同学科生长出多元的学术成果，不同学科间在一个生长环境中相互影响，持续生长。另外，建筑空间功能不应该是单一的，我们希望为师生提供一个多义空间——U形廊道，教学组团，实验组团，学术组团，图书馆，餐饮休闲组团环绕分布。廊道以模糊的边界和开放的姿态接纳交流创新的自由生发，它将成为一个具有无限可能性的发生器，不同背景的人、不同学科、不同功能空间在此交融，促进创新和发展。

本章内容汇集了海控置业作为代管单位完成和建设中的多个高校项目，是一部反映当前海南高校规划理念和特点的实录，并体现出了工程管理的专业性。希望本书能够为更多的更广泛领域的同类项目的建设提供可资借鉴的经验范本。

现在海南医学院桂林洋新校区的建设工作正在如火如荼地进行。作为医学特色鲜明的高水平医科大学，希望它的建成可以改善海南教学环境、提升教育质量、支撑海南自贸港高等教育建设的需要。

全国工程勘察设计大师 胡越

本章序三

　　山河披锦绣，盛世书华章。当前，海南大学正深入贯彻落实习近平总书记在"4·13"重要讲话中提出的"要支持海南大学创建世界一流学科"的指示精神，紧抓海南自贸港建设历史机遇，坚持面向国家发展战略，服务海南经济社会发展需求，在教育强国新征程上书写着海大人的奋斗华章。全校师生团结一致，攻坚克难，开拓创新，奋力建设综合性研究型国际化"双一流"大学。

　　大学需要大师，也需要大楼，大楼是筑巢引凤的重要保障。为提供与学校发展定位相匹配的校园环境和科研平台，学校整体谋划、统筹考虑、协同推进，力争打造"典雅大方、阳光温馨"的现代化美丽校园。在海南省委、省政府的关心支持下，迄今已交付使用生物医学与健康研究中心、热带作物国家重点实验室等诸多重大项目，还有多个项目正在施工和谋划中。校园建筑不仅是承载实用功能的物理空间，也是凝聚校园文化的文化载体，更是三全育人的重要环节。海南大学作为自贸港建设的高等学府，完善的科研基础设施不仅可以带动学校办学水平的提升，还将极大地促进优势特色学科的壮大，助力学校实现高质量跨越式发展。

　　海控置业作为与学校长期合作的代管单位之一，历来积极践行"艰苦奋斗、追求卓越、服务海南"的海控精神，始终心系学校未来发展，力争打造百年经典建筑。海控置业与学校精诚合作，在基建工作方面凝聚团结，切实承担起校园建设的重大责任，以一往无前的奋斗姿态和风雨无阻的奉献精神，为项目的安全与质量殚精竭虑，共同打造令人交口称赞的精美建筑！

海南大学党委书记　符宣国

本章序四

海南医学院是海南自由贸易港内唯一一所公办本科医学院校，前身是创立于1947年的海强医事技术学校和创立于1948年的私立海南大学医学院。经过76年的艰苦创业和传承发展，尤其是建设海南自由贸易港以来，学校认真落实省委、省政府将海南医学院建设成为国内同类型高水平大学的战略决策，持续完善办学条件，不断加强内涵建设，着力提升办学质量，走上了热带特色鲜明的国际化高水平医科大学发展之路。海南医学院桂林洋新校区建设，是学校发展历史上具有里程碑意义的大事，是几代海医人的期盼和梦想。桂林洋新校区建设是加强学校自身高质量发展、优化海南高等教育布局，实现立德树人、科技创新、医疗服务、文化传承和国内外交流的包容式、可协调、可持续发展，建设与海南自由贸易港相适应的热带特色鲜明的国际化高水平教学研究型医科大学的必由之路。

海控置业作为海南医学院桂林洋新校区项目的代管单位，一直以把桂林洋新校区项目打造为精品项目为目标，助力推动学校新校区建设，为学校走内涵式、特色化、国际化高质量发展之路提供强大支撑。希望海南医学院桂林洋新校区项目成为优质、安全、廉洁、绿色环保工程，为学校全面建成热带特色鲜明的国际化高水平医科大学提供广阔办学空间和充沛发展动能，为推进健康海南和中国特色自由贸易港建设作出贡献。

海南医学院党委书记　赵建农

5.1 教育类项目管控要点

5.1.1 教育类项目特点

教育建筑是指为教育目的而设计和建造的建筑类型。教育建筑涵盖了多种类型的建筑物，如教室、实验室、图书馆、办公室、会议室、体育设施等，应能够给教师和学生提供教学、实验和学习空间。教育建筑中有很多人员密集场所，应提供安全的教学环境，包括防火、防灾设施和措施，还应提供舒适的学习和工作环境，包括采光通风、温度控制等设施。同时，教育建筑也应考虑到环境保护和可持续发展的原则，建筑风格也应与校园文化相呼应。

5.1.2 可研阶段管控重点

重点环节1：总体建设规模确定

重点内容： 在满足控制性详细规划、校园发展规划、服务学生数量的前提下，根据现行设计规范，确定其校园建设规模。

管控措施： 配合业主单位与行业主管部门进行充分论证及沟通，通过批准的办学规模和相应类别学校的建筑面积指标综合确定整体校园建设规模。对于改建、扩建的普通高等学校建设项目应在充分利用原有设施的基础上进行建设规模论证。

重点环节2：建设内容确定

重点内容： 学校必配的十二项建设内容为教室、实验实习实训用房及场所、图书馆、室内体育用房、校行政办公用房、院系及教师办公用房、师生活动用房、会堂、学生宿舍、食堂、单身教师宿舍、后勤及附属用房。确定学校使用人数及建设目标后，参照《普通高等学校建筑面积指标》进行详细测算，不同的办学规模（学生数），取不同的人均建设指标。学校选配建设内容为研究生教学及生活用房、留学生及外籍教师生活用房、国家或省部级重点实验室、教学陈列用房、产学研及创业用房、学术交流中心用房、医学院校临床教学实习用房、教职工机动车自行车（含学生）停车库或车棚等，学校根据需要选配配置。普通高等学校的学科结构，由学校根据本校学科现状及发展情况进行设定。

管控措施： 供应商遴选环节，要求可研编制团队具备校园规划及方案设计能力。通过问卷式调查收集师生人数、使用功能、教学模式、各学科特点等基础需求。根据汇总资料，梳理各学科需求的矛盾点、交叉点，提出解决预案，拉通各学科设置，合理进行面积分配、楼栋数量设置、各学科楼栋落位、各楼层功能分区等。

重点环节3：人防救护工程等级

重点内容： 可研阶段要明确人防救护工程等级，是按照二等人员掩蔽所、人防物资库还是需要设置一等人员掩蔽所。此项条件影响地下室的面积、层高、车库出入口布置、停车数量统计、造价估算等。

管控措施： 在可研阶段提前与人防部门进行沟通，确定人防建设规模，防护等级以及交付标准等。

重点环节4：建设标准与投资估算匹配

重点内容： 海南省高等教育项目批复的建安费单方造价在5200～7200元/m²。教育项目的投资估算面临着以下不确定因素：智慧校园、电教化教学模式的更新，教学理念不断变化以及新政策、新规范的施行；新校区建设周期长，期间材料费、人工费波动；设备设施费与建安费用分离批复，医学类院校的实验设备无法一次性采购完成，分批进场，导致拆改费用发生等。各种因素可能导致项目建设标准与投资估算不匹配的情况。

管控措施： 提前进行现场踏勘，调研项目周边市政条件，审核环评文件、项目建议书、用地选址意见书与现行政策及规范的匹配性。尽可能做到设计深度超前，可研阶段设计深度超过规范要求，通过下一阶段的设计深度反向推导可研阶段设计需求的颗粒度、精确度，进而为投资估算提供必要的支撑依据，同时做好估算浮动空间预留。通过案例指标与业主方、主管部门沟通并初步达成一致，明确新建项目建设标准，后续严格执行限额设计。

5.1.3 规划阶段管控要点

重点环节1：与上位规划的衔接

重点内容： 在整体新建的校园项目中，校园规划是校园建设的基础，也决定了校园建设的基本格局。考虑校园出入口与规划交通路网和交通设施的联系，整体搬迁的校园往往占地面积较大，容易与"窄街廊、密路网"的城市规划理念发生矛盾，需要通过规划设计手法进行处理，比如采用校内道路与市政道路合用，疏解校园周边交通流量，避免学校校门口出现大量人车集聚、交通拥堵的情况。考虑校园建筑形成的城市界面与城市风貌的关系，研判新建建筑与上位规划及原有建筑的关系，梳理校区的文脉和结构关系，评估城市设计、原有建筑对拟建建筑的影响。

管控措施： 审核校园规划指标、用地性质、用地权属范围等内容是否符合项目建设的相关需求。熟悉上位规划的刚性要求，充分评估、论证整体校园规划布局的合理性，发现确需调整局部规划支路时，在不改变规划道支路服务功能的前提下，通过保持规划支路出入口位置不动，微调规划支路的路径，满足上位规划，并征求规划主管部门意见。沿主要干道布置建筑时，提前征求审批部门的意见，满足城市风貌的管控需求。跨市政道路的分区组团首选立体交通方式，为后续立体交通立项提前预留连接条件。对于大流量、间断性、人员密集的校园建筑，项目立项时即对用地四周道路的承载力进行交通评估，评估结果作为校园整体规划布局分析出入口落位及数量的依据。

重点环节2：校园内部的规划结构

重点内容： 考虑校区整体的规划结构，关注各教学功能的关联性。以医学院为例，一般有教学区（含实验区）、体育运动区、生活后勤区、行政办公区，常采用组团式布局。教学区的教学楼、图书馆、教学实验楼应设置在安静区域，远离城市主要干道。生活后勤区、行政办公区分别邻近教学区，缩短步行距离，方便学习生活；生活后勤区的宿舍组团间设置食堂、体育类场馆、室外运动场地、对外交流中心（预留），并各自设有独立出入口，方便校内外资源共享。同时，组团内部的动物房实验室，应将其置于校园规划的下风向，并且沿校园外围布置，方便动物标本的运输，减少污物和气味对学校的影响；食堂尽可能靠近教学区域和生活区域，以方便学生邻近就餐，也要确保其噪声、进出食材和厨余垃圾的外运路线不影响教学环境。此外，各区内尽可能设置风雨连廊，对于多雨、炎热的南方气候区，风雨连廊既为学生提供遮雨避阳的半室外活动空间，又丰富了校园空间环境，还提升了学生的步行体验。最后，校园规划应有仪式感，在庄重与活泼、对称与灵动中寻求平衡。

管控措施： 根据前期调研资料，重点分析教学、科研、生活组团之间的关联性和差异性，教学区与生活区、教学区与运动区、行政办公区与教学区和科研区之间的关系、距离等，制定征集比选任务书。组织设计单位遴选工作，预留合理征集时间，进行方案征集比选，邀请外部专家、审批部门及学校参与评选。确定优胜方案后，进一步收集业主单位的组团分区建议，最终完成各方共同认可的校园总体规划方案。对于短期内尚未明确方向的学科，总体布局中适当留白，为后期校园学术发展以及基础设施补充预留弹性空间。

重点环节3：合理分期建设

重点内容： 校园修建性详细规划的审批，是后续校园建设一张蓝图干到底的基础。对于较大规模的新校园建设，分期投资、分期建设往往不可避免，需提前评估分期建设对整体规划的影响。分期规划需考虑每一期建设内容均能及时投入教学使用、满足分期教学生活的正常需求，形成功能闭环。市政基础设施要与分期建设相匹配，在首期建设中市政基础设施要考虑超前预留。比如有些项目原计划多期同步竣工，后原计划受阻，为保证首期自行运转，原置于二期建设多期共用的集中信息机房，需在首期增加临时机房加以解决。

管控措施： 根据校园总体规划方案以及审批部门分期批复资金限额，结合学校近远期发展规划、搬迁计划、办学规模、招生需求进行合理分期规划，确保各期规划内容满足分期办学需求。关于市政配套设施，划分分期时提前验算、反馈市政条件的容量和需求量，预估市政配套建设内容的最晚交付时间。

5.1.4 单体设计阶段管控要点

高等教育建筑的功能较为复合，图书馆、体育馆、科研实验楼是校园建设中的标志性建筑，代表着学校形象和文脉传承，是立德树人的重要载体，是展示大学文化的窗口，具有独特的地位和作用。除满足基本功能需求外，还要对建筑造型、立面风格等外观设计进行细致推敲、集思广益，还要兼顾创新性、独特性和时代感。

图书馆建筑特点

图书馆的外在形式从某种意义上反映了学校的定位及办学理念。造型、体量是学校建筑规划的重点，功能分区、动静分离和流线是实现图书馆高效运转的保障。图书馆流线主要有读者流、图书流、工作流，三种流线在交通路线上应精心规划，合理安排采编、收藏、外借、阅览间的运行路线。读者入馆后以较短距离到达借阅空间，既方便读者又便于管理。对于人流较大的新书阅览室，应设置在较低层。荷载大的密集书库，应置于建筑底层，下方避免布置地下空间。

根据亚热带气候特点，尽量利用半室外空间，节约建筑面积，为读者提供休闲场所。全天候开放的24小时阅览室，配置简餐服务，缓解长时间阅读疲劳。创造功能空间多样性，为迎合读者对图书馆日益多元化的使用需求，设计上探索新的空间来实现传统功能之外的衍生功能，营造氛围、举办活动、打造自媒体，服务学校，增加高校的品牌影响力。

体育场馆建筑特点

体育场馆常采用大跨度的结构设计以满足比赛场地的需求。在高抗震烈度地区大跨度结构设计面临着许多技术问题，如结构稳定性、抗震性、材料选择等。需从工程可行性、经济性和安全性等多个因素进行结构体系的比选，并邀请外部结构专家进行技术论证。

体育馆作为一个承载大规模比赛和活动的场所，会产生较大的瞬时人流量，需要做好疏散流线组织。另外，场所需要提供良好的听觉、视觉效果，如巨大的室内空间和较高的噪声水平可能导致声学问题；不同的比赛场地有不同的光线强度和亮度要求，以确保运动员能够清楚地看到比赛区域。在管理过程中，应严格要求体育工艺及声学顾问全程参与，根据空间形态、建筑形式及时反馈声学、光学设计措施，供建筑设计师统筹考虑，避免被动调整。

科研实验楼建筑特点

科研实验楼建设一般由校方基建部门牵头，校内各科研实验团队作为使用单位提出建设需求，要搭建设计师与科研团队之间的沟通渠道。设计院和实验工艺设计团队同步开展工作，建筑设计院负责主体结构及实验通用条件设计，实验工艺设计团队负责专项工艺设计，由工艺设计团队对接各科研团队，消除沟通壁垒，提高设计效率。

实验楼对材质、温度、湿度、洁净度、配电容量、通风、排气、环保等都有不同的要求。比如，动物实验室的建筑墙板和顶棚的材料，可采用洁净彩钢板，圆弧角采用铝合金材质制成。地面采用PVC材质，耐酸碱，受损后易于修补。实验动物房的空调系统多采用精密空调，概算编制时预留合理的空调费用。为防止昆虫进入，出入口要设置昆虫屏障，与外界联系的门窗需设置窗纱。为防止实验动物外逃，在所有外部出入口处设置屏障。

由于新技术、新设备的推广导致实验内容发生变化，有时直至建设时使用团队仍未明确，建设时要考虑"留白"。比如，只进行简单的装修以满足相关验收要求，预留相关土建条件、机电容量，尽量做到后期改造过程中只在原建筑基础上做加法。

宿舍楼建筑特点

宿舍楼是学校中体量最大的建筑类型之一，更是学生、教职工使用时间最长，承载生活、学习、工作的重要空间。宿舍楼的设计需要关注使用者的核心诉求，以商品住宅的设计精细度为基本要求，从品质舒适、成本集约等角度综合进行考虑，为使用者提供良好的生活居住环境。

单体设计管控措施

方案阶段，需要与业主及其上级主管单位和审批部门充分沟通，建设规模、建设子项、建设标准及交付标准要协调一致。要考虑新技术规范及政策变化引起的成本变化，结构、防火、暖通等规范升级，近场效应放大系数、减隔震方式、基坑支护方案、桩基选型等，还有绿建、装配式实施、校园弱电、智慧校园等对造价的影响。

初步设计阶段，要用工程的设计语言把方案阶段的具体子项、分项分部落实到图上，不仅要注意初步设计图纸的合理性、方案实施的可行性，还要注意造价清单是否漏项以及各子项清单单价是否合理。结构的含钢量、混凝土量是否属于合理范围，水电暖三专业基本单方造价是否合理，内外装修、室外园林单方造价是否合理，从造价经济指标来反推设计与造价的匹配性。发现指标异常，要分析清单及相关图纸是否存在漏项，分析清单造价是否在合理范围，是设计不到位还是过度设计。在初步设计阶段，争取概算合理化是关键环节，确保图纸深度能够支撑各子项的造价。

施工图阶段，确定图纸的合理性、完备性，图纸深度满足施工及结算需求。主要确定建筑、结构、水电暖、装修园林等各专业图纸的完备性、完整性、合理性及专业交叉交圈。图纸设计阶段凡涉及消防水电、暖通排烟管线走向并行或交叉排布时要控制设备层高及梁高以保证设计净高，BIM设计可将多专业管线在三维空间中整合，可模拟管线的交叉碰撞、空间翻弯、检修安装、控制净高等，甚至结构梁板调整，要求对重点区域预留净高且施工BIM提前介入，根据设计提供的房间净高重点关注、着重调整。

5.1.5 施工阶段管控重点

深化设计管控重点

深化设计是施工单位在原有施工图等设计文件的基础上对图纸进行细化和完善的一项重要活动。在施工阶段，应要求施工单位做深化设计计划表，学校类项目需深化的内容主要是实验室工艺、体育器械、大跨度钢结构等。在施工过程中有时会出现深化与土建设计不交圈、碰撞等情况，还有施工组织时未考虑塔式起重机起吊重量，在钢结构深化时，把钢梁、钢柱分拆成多段，连接部位受力薄弱等；注意过度深化问题，如在钢结构深化中，深化后钢材用量比施工图大幅增加，并以此要求进行重新计量。需要跟进图纸深化，要求设计单位审核深化图纸。设计单位应审核深化设计与原设计一致性、安全性，避免出现过度深化。在深化设计完成后，应要求施工总包深化单位进行叠图，避免碰撞、错漏，保证深化图交圈。

图书馆施工管控重点

施工管理过程中应根据图书馆建筑的特点做好项目管控。吊顶施工确保吊顶龙骨和饰面板的安装符合规范要求，同时也要考虑到图书馆的通风和照明需求；地面施工需要选用优质材料，严格控制施工工艺，确保地面平整、耐磨、防滑、易于清洁；墙面施工需要选择环保、耐用的材料，确保墙面色彩、图案、纹理符合图书馆的整体风格和功能需求。

图书馆的防火要求等级较高，施工中应优先选择不燃或难燃的材料，如石膏板等，同时应考虑进行合理的防火分隔，将不同区域用防火墙、防火门等分隔开，特别是书库、阅览区等区域，应采用耐火等级较高的材料进行分隔。根据图书馆不同的功能分区，注意灯具及参数选择，灯光要柔和不刺眼，亮度满足环境使用要求。

体育场馆施工管控重点

体育馆因对空间有要求，通常采用大跨度钢结构或网架结构，应根据图纸测算钢梁截面尺寸、吨位，初步判断是否可以采用传统搭设高支模的施工方法，还是采用单机或双机联吊的方式施工：前者施工工序单一，工期慢；后者施工快。无论采用何种方式均为危大工程。危大工程应关注其前置条件：条件一，制定周密的危大工程专项方案，明确安装的步骤及方式，制定相应的施工安全措施，并经过方案专家论证，确保理论安全；条件二，完善安全生产条件，如搭建安全指挥机构、制定安全措施、开展岗前安全技术教育交底等；条件三，施工资源保障充分，管理人员、施工人员均应具备上岗条件、持证上岗，所需物资设备进场合格、供应充足。同时要关注大跨度钢结构的深化设计，明确其制作、提料、备料工序，做好各种工况下的施工模拟分析。钢结构进行整体吊运安装施工过程中，应加强安装的质量控制和安全巡查，及时发现问题并进行调整。

体育场馆内照明、暖通系统大多进行集中控制，具有集中性、大功率、大电流的特点，对控制电源线的载流能力、防护性能有较高要求，因此，要根据当地气候环境条件、使用要求，保证控制电源线载流能力满足要求。对于大跨度结构的场馆，场馆的墙面、天花强弱电点位、照明灯具、电子记分牌等，应提前与学校沟通使用需求。场馆上方应尽量设置强弱电检修口，墙面及天花由于后期维护较为麻烦，施工要确保观感及质量。体育场馆人流量大、使用频率高，装修材料应选择使用耐水耐磨耐老化、易清洗的材质。室内场地地面基层施工需做好防潮处理，注重面层材质选材，面层材料需选择防滑性较强的材料。

科研实验楼施工管控重点

实验室的机电系统管线存在复杂、功能专业性强、专项繁多的特点。应利用BIM技术，完成协调碰撞分析，在施工前规避风险，及时发现位置冲突和标高重叠，统筹安排合理利用空间，减少施工过程中的设计变更，有效节省材料，降低成本等。实验室涉及工艺气体管道的安装，气体种类繁杂，对安装环境清洁度、成品保护要求高。对施工的质量和程序进行严格的监控和管理，在系统试运行前必须进行严格的测试和校准，以确保系统正常运行，并满足设计要求和使用需求。

洁净实验室属于特殊场所，洁净度要求高，对洁净空调风管、设备和装饰施工时管理环节要求度高。材料加工制作安装、施工作业环境、成品保护、设备运行调试等都是需要重点把控的质量关键点。洁净风管制作在确保干净无尘无污染室内进行，制作用的材料应使用酒精或无腐蚀性清洁剂擦洗后才能待用。安装过程中也要保持施工现场的洁净要求，必须对空调机房进行清理、清洁，无关物件全部清除。认真检查设备的过滤系统，电气、自动控制系统、供电系统，确认各系统完好后方可调试。

宿舍楼施工管控要点

宿舍楼是教育类建筑交付使用最易出现使用维修与投诉的一种，更是涉及学生、教职工基本利益的建筑类型。项目在施工过程中，需以商品住宅交付品质对项目质量进行要求。项目在装修阶段开始前，应积极征询校方意见，了解学生、教职工生活需求以及使用关注焦点。材料设备的选用以经久耐用、经济实惠、方便维修为核心关注点，聚焦五金、洁具、开关、电梯等使用频率高、使用时间长的材料设备。为保证各宿舍单体及房间内交付质量保持一致，必须建立完整的宿舍样板间，通过样板先行，保证每间宿舍楼品质标准统一。同时，还需要及时就宿舍楼门禁安装位置、楼内窗户开启尺寸、高峰期的网络容量等细项与校方展开沟通。

5.2 海南大学观澜湖校区教学及生活服务设施（一期）项目

图5.2.1 校园鸟瞰图效果图

项目规模：81929m²

建设地点：海口市

业主单位：海南大学

设计单位：华南理工大学建筑设计研究院有限公司

施工单位：海南海控中能建工程有限公司
中国建筑一局（集团）有限公司

监理单位：广州珠江工程建设监理有限公司

5.2.1 项目概况

海南大学观澜湖校区位于海口市观澜湖综合旅游度假区周边，是海南大学为加快国内一流大学建设，落实海南省委、省政府"聚全省之力办好海南大学""辐射及深耕东南亚"等决策部署而积极推进的重大建设项目。观澜湖校区建成后，将以国际旅游、国际商贸、影视与传媒、大数据与人工智能等优质学科资源为基础，以打造专业化人才培养和中外合作办学为重点，打造成为开放办学、特色鲜明的高水平国际化校区。

项目总用地面积449934m²，采用一次规划、分期建设的方式（图5.2.1~图5.2.3）。截至2023年上半年，项目一期建设已完成。总建设内容主要包括图书馆、教学楼、会堂、校行政办公楼、师生活动中心、学生宿舍、食堂、教师生活用房、体育馆、后勤附属用房等。一期用地面积152224m²，建筑面积81929m²，建设内容主要为教学楼、学生宿舍和食堂。

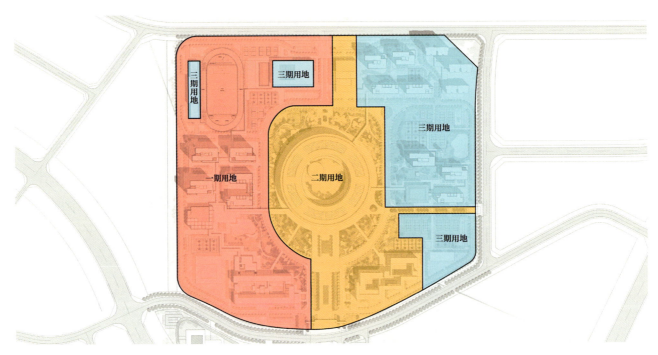

图5.2.2 校园分期建设示意图

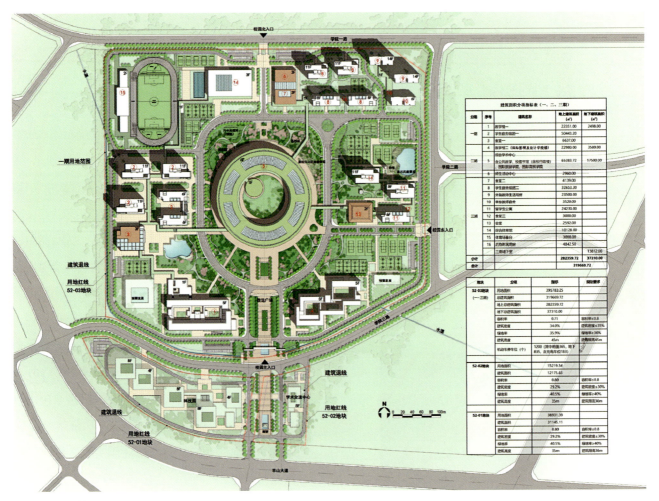

图5.2.3 校园总平面图

5.2.2 设计理念及特色

城校融合,产学一体

校区规划充分考虑观澜湖片区的上位规划,南侧衔接高端旅游消费中心,邻近主干道布置科研产业用地等,打造具有国际吸引力的教育文创组团。校区体育运动场地等公共设施考虑了城校共享,延伸发展教育体育等产业链条,构建城校融合、产学研一体化的校园发展模式(图5.2.4)。

环带布局,高效集约

规划形成"一环一带多中心"的布局结构。一环为学术环,由公共教学、图书馆等组成的学习共享中心涵盖了多样功能,成为校园最具凝聚力的学术核心;一带为生态景观带,利用场地原有地形高差及蓄水,自然形成贯穿校园的生态景观带,各功能区域围绕其形成复合品字形布局;多中心即教学与生活形成各自的组团中心,形成多元复合的创新学术生活空间。

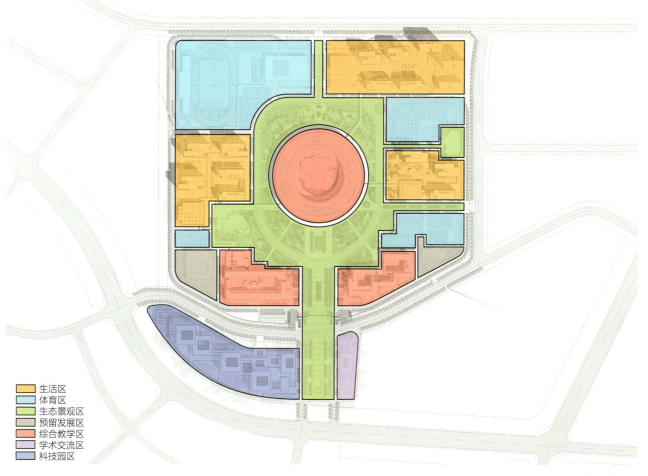

图5.2.4 校园功能分区图

图5.2.5 教学楼东北侧建筑立面效果图

图5.2.6 食堂东南侧建筑立面效果图

图5.2.7 宿舍楼东南侧建筑立面效果图

因地制宜，步移景异

校园内结合基地火山岩地质和热带气候特征，将现状火山岩采石矿坑加以巧妙利用，形成立体化的景观空间和活动场地。规划同时连接校园主要景观节点营建多层次步行游览系统，为到访者提供步移景异的特色体验（图5.2.5～图5.2.9）。

中外合作，现代开放

考虑到海南大学与亚利桑那州立大学将利用双方资源，在观澜湖校区建设具有国际影响力和新概念的国际化学院，校区建筑选用两校主色调白色、砖红色作为基础色，在中央学术环采用红色为主，白色为辅的色彩搭配，凸显学术核心区；在外围建筑中大面积使用白色外墙，以红色点缀窗框、露台、格栅等小块区域，营造强烈的色彩对比效果。建筑整体采用现代风格，线条简洁，内外通透，同时根据气候特点，吸收传统骑楼的风雨连廊等设计，为师生提供舒适、便捷的学习生活空间。

图5.2.8 校园一期鸟瞰效果图

图5.2.9 教室精装方案效果图

5.2.3 工程实施

海南大学观澜湖校区教学及生活服务设施（一期）工程于2021年5月13日开工，于2023年3月竣工（图5.2.10～图5.2.16）。

图5.2.10 校园鸟瞰实景

图5.2.11 宿舍楼实景

图5.2.12 运动场实景

图5.2.13 宿舍楼入口实景

图5.2.14 教学楼走廊实景

图5.2.15 教学楼入口实景

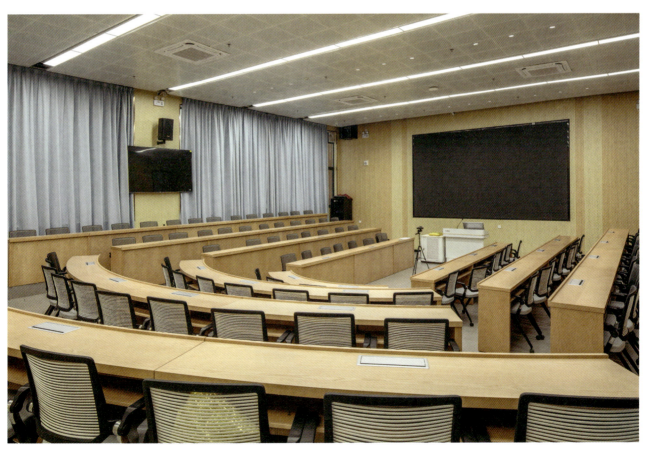

图5.2.16 学术报告厅实景

5.3 海南大学生物医学与健康研究中心项目

图5.3.1 鸟瞰实景

第5章 教育类项目管控要点及实践案例

项目规模：55055m²
建设地点：三亚市
业主单位：海南大学
设计单位：中国建筑设计研究院有限公司
施工单位：海南海控中能建工程有限公司
　　　　　北京建工集团有限责任公司
监理单位：山东建院工程监理咨询有限公司

5.3.1 项目概况

本项目位于中国海南省三亚市崖州区崖州湾科技城，是围绕国家重大战略需求和海南自由贸易港发展需求，促进健康产业高质量发展的建设项目。项目建成后，将以多学科融合加上校企联合的模式，培养生物医学高水平人才队伍，建设生物医学工程世界一流学科，成为我国开展生物医学工程科学研究、科学技术应用与产业孵化、人才培养和国际交流合作的支撑平台。

项目总用地面积36763m²，将分两期建设（图5.3.1）。功能涵盖了生物影像学平台、数字生命与生物医学健康大数据平台、生物传感与穿戴式医疗平台、类器官研究平台、科技成果转化平台、学术交流平台、公共空间、科研辅助用房及学术交流平台，其中一期为海南大学生物医学与健康研究中心科研大楼。总建筑面积55055m²，其中地上建筑面积44855m²，地下建筑面积10200m²。

5.3.2 设计理念及特色

合院式布局的内向科教园区

在二期建设启动时间不确定的情况下,一期建筑的基本布局与建筑形象应具有完整性特征。建筑整体中轴对称布置,呈院落式布局,形成完整的内向型科教园区。建筑中央环抱绿色生态庭院,营造创新型绿色生态环境。建筑高度向西南侧滨海方向逐渐降低,形成正对通海公园和崖州湾的观海视廊,同时也顺应了规划条件中西低东高的限高要求,共同形成富有空间层次的建筑形象(图5.3.2)。

层层出挑的檐下共享空间

考虑到海南当地气候条件和基地附近丰富的景观资源,建筑采取了上大下小、层层出挑的建筑形态,各层交错布置室外平台,上方覆以深远出檐,形成各层的自遮阳,同时在首层形成宜人的檐下空间。这些空间涵盖了建筑主要出入口、首层通廊、室外活动平台等人员活动最为密集的区域,形成了有效遮阳效果,创造了更加宜人的环境空间。

图5.3.2 夜景鸟瞰效果图

图5.3.3 西南侧建筑立面效果图

装饰一体化的外露清水结构

考虑到海边建筑需要较强的盐碱耐候条件和实验室建筑对结构振动的敏感性，建筑采取了更耐盐雾腐蚀的混凝土结构。建筑外圈不同高度分叉的斜柱支撑起层层出挑的建筑体量，如同树木的枝杈从土地中生长出来。横向出挑层板和外露结构梁柱均为直接暴露清水混凝土结构，不再做额外装饰，既呼应了滨海气候条件需求，也体现了新时代科研建筑以经济适用为主导原则的设计理念（图5.3.3~图5.3.5）。

图5.3.4 中央连廊及平台建筑方案效果图

图5.3.5 南侧河岸景观透视效果图

立体丰富的花园式环境

景观设计利用地势低洼的特征,中央设置下凹式雨水花园,软质自然驳岸,还原生态。建筑各层交错布置内凹式阳台,并集中设置景观屋顶花园,采用架空竹木地面、混凝土仿火山岩等做法,有效丰富科研环境。外圈各层檐口布置成品花池等,实现垂直绿化,营造立体丰富的绿色共享空间(图5.3.6~图5.3.8)。

图5.3.6 内庭景观方案效果图

第 5 章 教育类项目管控要点及实践案例

图5.3.7 公共门厅精装方案效果图

图5.3.8 公共交流空间精装方案效果图

5.3.3 工程实施

海南大学生物医学与健康研究中心工程于2021年8月7日开工，于2023年8月20日竣工（图5.3.9~图5.3.14）。

图5.3.9 鸟瞰实景

图5.3.10 中央连廊及平台实景

图5.3.11 建筑立面实景

图5.3.12 大堂实景

图5.3.13 会议室实景

图5.3.14 学术报告厅实景

5.4 海南大学南海海洋资源利用国家重点实验室项目

图5.4.1 科研实验大楼鸟瞰实景图

第5章 教育类项目管控要点及实践案例

项目规模：49000m²

建设地点：海口市

业主单位：海南大学

设计单位：海南省设计研究院有限公司

施工单位：海南发控建设工程有限公司
中国建筑第八工程局有限公司

监理单位：新恒丰咨询集团有限公司

海南大学万宁海洋科学试验中心项目

图5.4.2 海洋科学试验中心鸟瞰效果图

第 5 章 教育类项目管控要点及实践案例

项目规模：9870m²

建设地点：万宁市

业主单位：海南大学

设计单位：海南省设计研究院有限公司

施工单位：海南第六建设工程有限公司

监理单位：中工武大诚信工程顾问（湖北）有限公司

5.4.1 项目概况

海南大学南海海洋资源利用国家重点实验室项目分两处建设（图5.4.1、图5.4.2），分别为位于海南大学海甸校区的南海海洋资源利用国家重点实验室科研实验大楼以及位于万宁市和乐镇港北墟的万宁海洋科学试验中心，是海南省的第一个省部共建国家重点实验室项目，主要对海洋资源开发、环境保护、海洋防腐和地质等领域进行更深入的研究。项目建成后，可以充分利用南海优势地缘开展前沿基础科学研究，为产业化提供理论支撑，对提升南海海洋资源的高效、环保利用，具有深远的社会意义和经济意义。

海甸校区的实验大楼建筑面积49000m²，地上10层、地下1层，主要设置科研用房、科研辅助用房及公用设施等；万宁市和乐镇港北墟的试验中心建筑面积9870m²，地上5层，主要设置试验场、展厅、科研用房等。

5.4.2 科研实验大楼设计理念及特色

科研地标

以世纪大桥作为主视角统筹规划，汲取现有校园元素；立面利用横向元素进行穿插和衔接，泛光照明勾勒出建筑白色轮廓，呈现出迎面而来科研航母的寓意，与毗邻的世纪大桥形成了引人注目的地标性建筑景观；伸入湖面的滨水观景平台设计与湖水巧妙融合，体现建筑与湖岸的自然呼应（图5.4.3~图5.4.5）。

图5.4.3 科研实验大楼鸟瞰效果图

图5.4.4 科研实验大楼南侧建筑立面效果图

图5.4.5 科研实验大楼夜景鸟瞰效果图

气候适应

科研实验大楼采用气候适应性策略进行设计。白色铝板横向元素作为出挑深远的立面遮阳；开敞式空间设计的入口大坡道将成为师生集散地和重要景观节点；中庭以及空中花园可自然通风和采光，开敞弧形楼梯增加通透性及景观趣味性；建筑中央五层开敞景观平台与两侧半开放活动休憩空间相结合，形成半室外开放学术科研的灵活空间（图5.4.6~图5.4.8）。

图5.4.6 科研实验大楼入口建筑方案效果图

图5.4.7 科研实验大楼中庭建筑方案效果图

第5章 教育类项目管控要点及实践案例

图5.4.8 科研实验大楼露台景观方案效果图

垂直绿化

考虑到海南炎热多雨的特点，大楼立面采用垂直绿化，避免东西侧的过热日照，并将绿化景观积极引入建筑内部。同时，通过环境模拟软件辅助优化建筑设计。垂直绿化与建筑周边的草皮、行道绿化等相互呼应，形成点、线、面结合的绿化形式，塑造生态友好的校园新建筑（图5.4.9）。

独立单元

科研实验大楼功能布局通过有机地分布科研单元，在确保提升跨学科学术研究氛围的同时，又保留相对独立的研发空间，为国际科研交流、校企合作等创造高标准的世界级科研新平台。

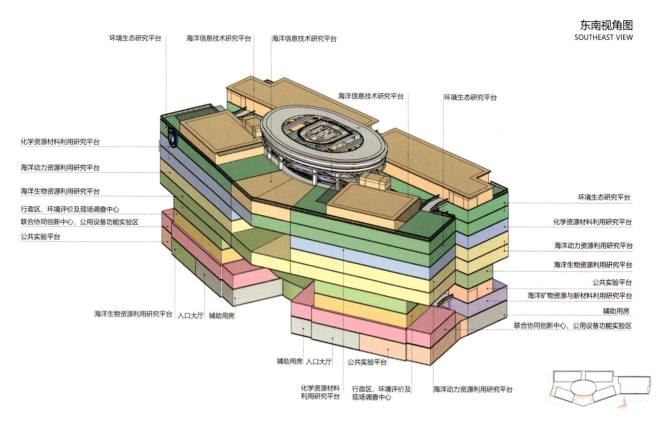

图5.4.9 科研实验大楼建筑功能分区图

5.4.3 万宁海洋科学试验中心设计理念及特色

水幕循环

万宁海洋科学试验中心遵循海绵城市的设计思路，以水幕为载体，形成多层次立体水幕循环系统。每个实验室单元屋顶设置雨水收集池，雨水部分补充走廊蓄水屋顶消耗水量，其余通过暗管流至模块化立面水幕和观景平台水槽，后汇入人工湿地，再通过加压泵到屋顶雨水池，形成立体循环。主入口顶部为蓄水屋面，西面山墙为整面水幕墙面，水由屋顶通过暗管和基地内湿地水系相连，形成循环系统。

立体绿化

在主体建筑中，绿化以不同的形式设置于不同部位，包括中轴水幕内温室绿化、体块间隔平台绿化、屋顶雨水花园和侧墙立体湿地，共同构成多层次立体绿化系统（图5.4.10～图5.4.12）。

第 5 章 教育类项目管控要点及实践案例

图5.4.10 海洋科学试验中心西南侧建筑立面效果图

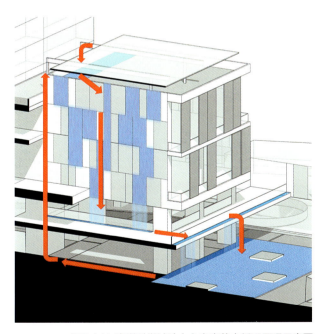

图5.4.11 海洋科学试验中心走廊蓄水循环原理示意图

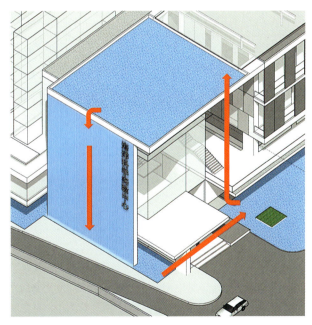

图5.4.12 海洋科学试验中心墙体蓄水循环原理示意图

5.4.4 工程实施

　　海南大学南海海洋资源利用国家重点实验室科研大楼工程于2023年2月6日开工，计划于2024年下半年竣工。万宁海洋科学试验中心工程于2023年12月15日开工，计划于2024年下半年竣工。

5.5 海南大学热带作物国家重点实验室项目

图5.5.1 东北侧鸟瞰实景

第 5 章　教育类项目管控要点及实践案例

项目规模：15000m²

建设地点：海口市

业主单位：海南大学

设计单位：海南省设计研究院有限公司

施工单位：海南海控中能建工程有限公司
中国能源建设集团广东电力工程局有限公司

监理单位：山东省建设工程招标中心有限公司

5.5.1 项目概况

本项目位于海南大学海甸校区西北角，是海南省政府为加快海南大学创建世界一流学科，加强保护、利用和传承热带作物资源，促进热带作物产业可持续发展而建的国家重点实验室项目。本次实验室中心大楼建设作为项目一期内容，不仅致力于作为解决重大科技技术难题的强有力支撑，也致力于在若干研究方向和学科中实现多领域协同创新，促进农业产业发展和生态文明建设（图5.5.1）。

国家重点实验室中心大楼总建筑面积为15000m²，地下1层、地上9层。其中，地上建筑面积12000m²，主要设置公共研究平台，橡胶生物学、热带作物品质与抗性遗传育种、热带作物绿色健康生产、热带作物采后贮藏与加工等5个研究模块以及重要热带作物种子离体保存库，包含科研实验室100间，科研辅助用房30间等。地下建筑面积3000m²，主要设置重要热带作物种子低温保存中期库、设备用房以及平战结合人防车库。

5.5.2 设计理念及特色

元素匹配，和谐统一

实验中心大楼承袭海南大学现有特色元素，立面色彩以浅色为主，局部采用垂直绿化点缀；采用竖向高柱支撑、简单的短开间单扇窗，表现有张力且造价适宜，做到与现有校园风格的和谐统一。

编码排列，简洁明快

立面设计中采用DNA遗传编码信息排列组合的构思，讲究统一性、重复性、活跃性，同时极富未来科技感（图5.5.2）。

绿色技术，节能环保

屋面的空中花园采用雨水收集中水系统，提供实验种植用水，节约水资源。

图5.5.2 西南侧建筑夜景效果图

5.5.3 工程实施

海南大学热带作物国家重点实验室工程于2020年7月13日开工，于2021年12月2日竣工（图5.5.3、图5.5.4）。

图5.5.3 东南立面实景

图5.5.4 实验室实景

5.6 海南大学协同创新中心项目

图5.6.1 协同创新中心公鸟瞰效果图

第5章 教育类项目管控要点及实践案例

项目规模：105300m²
建设地点：海口市
业主单位：海南大学
设计单位：中国建筑设计研究院有限公司
施工单位：中国建筑一局（集团）有限公司
监理单位：重庆赛迪工程咨询有限公司

5.6.1 项目概况

海南大学协同创新中心项目位于海南大学海甸岛校区中轴线上，是助力海南大学创建世界一流学科和国家级重点实验室建设的重点工程。项目旨在搭建生态文明、全民健康、旅游消费、自由贸易四大协同创新发展平台，为世界一流学科建设提供学术交流、会议展览等活动的场所，同时彰显了海南大学气质形象，打造典雅大方、阳光温馨的现代化校园风貌（图5.6.1）。

本项目总建筑面积为105300m²，其中地上约91300m²，地下约14000m²。地上分为南侧主楼部分、北侧辅楼部分及室外连廊，其中南侧主楼地上11层，建筑高度56m，地下一层；北侧辅楼地上5层，地下局部一层；室外连廊为单层单跨结构。

5.6.2 设计理念及特色

中轴对称布局

本方案计划对场地内现状部分建筑予以拆除，

结合景观设计最大限度形成鲜明的校园中轴线。建筑主体布置于第三教学楼南侧，采用"U"形中轴对称布局，围合建筑南侧的广场。主体建筑北侧依据中轴对称原则，在第三教学楼东侧相应连接两栋"一"字形体量建筑，与第三教学楼形成整体"工"字形布局并与主体建筑相连。场地北部第四教学楼与国际旅游研究中心之间场地规划为具有一定进深的建筑北门广场，利用拱廊连接校园北门并向东西两侧延伸，围合形成与校园北门延续的校园礼仪广场。结合景观设计处理，进一步优化建筑与周边环境的关系，既满足了建筑位于北广场中轴线的庄重仪式感，也增加了符合地域特色的鲜明标志性风格。

典型形式提取

海南骑楼是海南地域性建筑与海南本土文化的典型表达，立面三段式构成，底层架空开敞，中部拱窗节奏性铺排，檐口山花装饰；古典元素以拱券、柱廊、壁柱等为主，形成整体韵律以增加建筑细节。方案在建筑底层设置环绕的柱廊；中部以方窗与拱窗的排布为主，在立面上生成古典韵律的阵列；顶部采用放大拱窗及坡屋顶替代檐口与山花，契合现代建筑手法。在院落与建筑入口与轴线对应，增强礼仪氛围。

地域色彩构成

立面设计采用经典三段式布局，主体建筑底部为架空拱廊，三层体量，下两层为通高拱形窗洞，三层为小的拱形窗洞，三个一组形成连续的秩序。建筑材料使用红砖材料，呼应海南岛红土的色彩意向；东西两翼与塔式体量连接部位设置南北通透的空中平台，使用象牙白色陶板作为外装饰材料，使得建筑呈现简洁、挺拔、舒展的整体形象。建筑屋顶采用红色陶瓦坡顶，提升整体气质。

共享空间营造

为适应海南岛热带季风气候对建筑遮阳通风的要求，建筑首层架空，形成开敞的环廊。在建筑形体转角、侧翼与东西塔楼的连接处打开形成室外休憩平台。在塔楼的顶层架空层设置共享咖啡厅、休憩平台、绿植屋面，形成环境舒适的屋顶花园。沿主体建筑南侧设计东西贯通延伸水系，设置亲水平台及游船码头；将草坪、水系、热带植物等引入入口广场；庭院景观结合微地形，营造立体丰富的绿色共享空间（图5.6.2~图5.6.4）。

图5.6.2 亲水步道方案效果图

图5.6.3 南侧景观方案效果图

图5.6.4 中庭景观方案效果图

5.6.3 工程实施

海南大学协同创新中心工程于2022年9月13日开工，计划于2024年年底竣工。

5.7 海南大学其他相关项目

5.7.1 海南大学法学科研中心项目

本项目位于海南大学海甸校区社科楼北侧,是海南大学、法学院对外展示形象的重要窗口,建成后,可满足相关专业师生学习交流、实习实践等教学需求,对法学专业条件改善、科研实力提升、法律人才输送等均具有重要意义。

项目规划用地面积为2500m^2,总建筑面积12984m^2,新建一栋地下1层、地上12层的法学院科研中心大楼。其中,地上建筑面积为11281m^2,主要设置实验实习用房、院系及教师办公用房、师生活动用房、专职科研机构用房等;地下建筑面积为1703m^2,主要功能为人防、停车库、设备用房、实验实习用房、师生活动用房等(图5.7.1~图5.7.3)。

本工程于2022年4月6日开工,于2023年竣工。

图5.7.1 北立面实景图

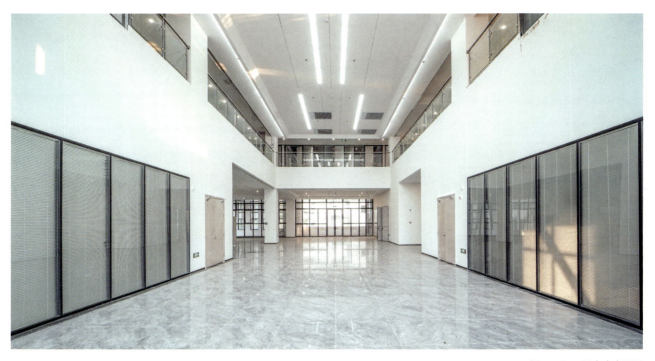

图5.7.2 二层中庭实景图

图5.7.3 电梯厅实景图

5.7.2 信息科技大楼扩建项目

海南大学信息科技大楼扩建项目位于海南大学海甸校区原信息科技学院大楼北侧。通过信息科技大楼的扩建，将提高教学科研环境，增强使用功能，既满足了信息科技学院发展需求，也给海南大学广大师生提供了专业性信息技术科研用房，并提供了多种功能为一体的现代化、科技化、信息化的教学配套基地（图5.7.4~图5.7.7）。项目建成后，将极大改善相关专业办学条件，加快以信息与通信工程学科为核心的南海资源开发与利用学科群的发展，助力海南大学世界一流学科的创建和海南自贸港的建设。

扩建项目共1栋楼，地下1层，地上9层，为错落式设计结构。建筑占地面积2390m^2，总建筑面积15321m^2，地上建筑面积13079m^2，地下建筑面积2241m^2，建筑高度35.4m。建筑主要功能为科研实验室、研究室、研讨室、报告厅、公共讨论区和大师工坊等。

本工程于2021年9月1日开工，于2023年5月竣工（图5.7.8~图5.7.10）。

图5.7.4 信息科技大楼鸟瞰效果图

图5.7.5 大楼入口方案效果图

图5.7.6 东侧视角下的建筑模型

图5.7.7 南侧视角下的建筑模型

图5.7.8 大厅精装方案效果图

图5.7.9 大楼鸟瞰实景

图5.7.10 大厅精装实景

5.7.3 热带农林学院专家学者楼一期项目

海南大学热带农林学院专家学者楼于海南大学儋州校区的东南角,是供专家学者居住的小套型住宅,属于整个海南大学儋州校区住宅小区的一部分。项目建成后,将对优化海大儋州校区教职工住宿区的环境,吸引专家人才提供有利条件。

项目总用地面积56853m^2,总建筑面积172488m^2,其中地上建筑面积137546m^2、地下建筑面积34942m^2,采用一次规划、分批建设的模式。项目一期新建3栋专家学者楼(2栋18层、1栋17层),总建筑面积40956m^2,其中,地上面积34878m^2,地下面积6078m^2。配套建设室外电气、给水排水、绿化、园建等室外配套工程,购置生活设备等(图5.7.11～图5.7.13)。

本工程于2020年4月10日开工,于2021年9月30日竣工。

图5.7.11 专家学者楼一期鸟瞰效果图

图5.7.12 专家学者楼一期实景

图5.7.13 道路景观实景

5.7.4 海南大学研究生公寓及附属食堂项目

本项目位于海口市海南大学海甸校区东北部,是海南大学为更好满足研究生生活需求而开展的建设项目之一。项目建成后,将能满足超过三千名学生的住宿、餐饮需求,有效改善研究生住宿条件,创造良好的学习生活环境,助力高层次人才培养。

项目总用地面积26051m^2,总建筑面积45423m^2,建设内容包括一栋十七层研究生公寓楼及一栋三层附属食堂。其中,研究生公寓地上建筑面积41314m^2,可容纳学生3192人,地下室一层,建筑面积4108m^2,作为地下停车场;附属食堂建筑面积4307m^2,可容纳就餐人数1044人。配套建设绿化、道路、广场等工程(图5.7.14~图5.7.16)。

本工程于2020年6月24日开工,于2021年12月27日竣工。

图5.7.14 建筑鸟瞰实景

图5.7.15 食堂南立面实景图

图5.7.16 食堂一层实景图

5.8 海南医学院桂林洋新校区项目

图5.8.1 校园西南侧鸟瞰效果图

项目规模（一期）：185841m²
建设地点：　　　海口市
业主单位：　　　海南医学院
设计单位（一期）：北京市建筑设计研究院有限公司
施工单位（一期）：海南海控中能建工程有限公司
　　　　　　　　北京建工集团有限责任公司
　　　　　　　　中铁建设集团有限公司
监理单位（一期）：陕西省工程监理有限责任公司

5.8.1 项目概况

海南医学院桂林洋新校区项目位于海口市江东新区海涛大道南侧，是助力海南医学院建设成为国内同类型高水平大学的具体举措。项目的建设为海医提供了广阔办学空间和充沛发展动能，对加快建设海南国际教育创新岛，推动健康海南和中国特色自由贸易港建设，都将产生深远影响（图5.8.1）。

项目总用地面积约52万m²，总建筑面积约51万m²，计划一次规划，分三期建设。其中一期用地面积136717m²，建筑面积185841m²，包括图书馆、公共教学楼、教学实验楼、食堂、宿舍楼、警卫室、配电室等，其中教学楼和图书馆下设地下室（图5.8.2）。

图5.8.2 校园分期建设示意图

5.8.2 设计理念及特色

城校交融,景校交融

设计方案发挥用地周边区块的环境资源优势,优化了功能配置,设计为城校交融和景校交融的双交融校园。校园的外部环境西侧、南侧接近城市,在这两侧适当加大开发强度,形成高校共享圈;东侧、北侧靠近自然景观,将这一侧功能进行灵活调配,将城市景观资源引入校内腹地,形成由城市到校园及生态景观的和谐过渡。由于开合有了侧重,校园特色变得鲜明,空间品质显著提升(图5.8.3~图5.8.5)。

两环相扣,疏密有致

通过两个环的形式——绿色的自然环和超级环廊的建筑环沟通校内各地块。其中,超级环廊将传统海南地区常见的交通外廊、遮阳外廊结合,嵌入到学校的各个组团内,为跨学科交流、体育运动等提供了丰富的非正式空间。图书馆、体育馆及活动中心成为三个地块内核,被双环串联,形成了多核、双环、绿带的丰富规划结构。东北向的校园主轴与西南向的自然绿轴贯穿双环,将学习与观景活动结合起来,营造张弛有度的空间节奏。

分区域内饰

考虑到概算单平米造价指标较低的情况,建筑内部根据各功能区不同进行针对性的设计。对于重点公区如图书馆阅览区、门厅等,局部吊顶可采用具有造型的板材或者穿孔铝板等,地面采用水磨石地面、金属分格结合软装家具。对于普通的公区以及常规区域如教室、宿舍等可采用无吊顶、石膏板吊顶等材料，墙面采用不同颜色无机涂料变化，地面可采用素色或仿石材地砖，局部空间结合点缀彩色的艺术涂料进行空间气氛的搭建（图5.8.6～图5.8.13）。

图5.8.3 校园规划结构示意图

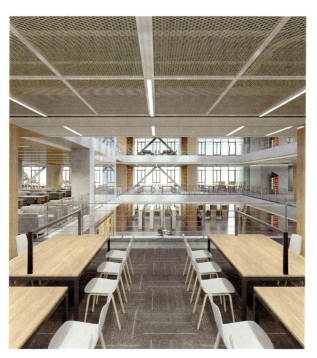

图5.8.4 图书馆阅览区精装方案效果图

图5.8.5 校园一期鸟瞰效果图

图5.8.6 阶梯教室精装方案效果图

图5.8.7 图书馆中庭精装方案效果图

图5.8.8 实验室精装方案效果图

图5.8.9 图书馆南侧景观透视效果图

图5.8.10 教学楼内庭景观方案效果图

图5.8.11 宿舍楼建筑立面效果图

图5.8.12 食堂建筑立面效果图

图5.8.13 图书馆下沉广场景观方案效果图

5.8.3 工程实施

海南医学院桂林洋新校区一期工程于2023年3月28日开工，计划于2025年下半年竣工。

5.9 海南师范大学桂林洋校区项目汇总

为推进自贸港的建设,海南正积极融入"一带一路"倡议,加快建设国际教育创新岛,打造海上丝绸之路教育新航标。海南师范大学在此背景下入驻桂林洋教育园区,启动新校区建设(图5.9.1~图5.9.3)。

海南师范大学近年来为适应海南经济社会发展需要,招生规模不断扩大,教学硬件设施的需求急剧增加。因此,桂林洋校区陆续开展了学生公寓、公共教学楼、实验楼、美术馆学生活动中心等项目的建设:学生公寓15—17号项目在校区新建3栋学生公寓、1栋设备用房和1栋值班室,总建筑面积34705m²,于2020年11月13日开工,2021年12月2日竣工;公共教学楼项目在桂林洋校区建设1栋公共教学楼和1栋变配电房,总建筑面积为14909m²,于2020年3月12日开工,2021年11月12日竣工;实验楼项目新建1栋实验教学楼,建筑面积19787m²,于2020年3月10日开工,2022年1月14日竣工;美术馆装修建设项目对美术学院教学楼毛坯房装修为展厅、多功能厅,装修改造总建筑面积为2641m²,于2021年6月1日开工,2021年10月26日竣工;学生活动中心项目新建1栋学生活动中心,总建筑面积7173m²,本工程于2019年8月28日开工,2020年12月18日竣工。

图5.9.1 建筑实景

图5.9.2 美术馆实景

图5.9.3 大学生活动中心实景

5.10 海南师范大学附属中学文体活动中心及综合楼项目

海南师范大学附属中学文体活动中心及综合楼项目位于海口市琼山大道海南师范大学附属中学内，是学校为契合海南省自贸区规划，加大教育投入，扩大办学规模，增加硬件设施而新建的建筑。两项目建成后，将有效缓解教育设施紧缺和教学功能性设施不足等问题，为师生营造一个安全、舒适的良好环境，促进教学质量和现代化水平的提高，从而加快推动全省基础教育事业发展及可持续发展（图5.10.1～图5.10.3）。

文体活动中心占地面积9711m^2，建筑面积10412m^2，其中地上建筑面积7316m^2。建设内容为1栋地下1层地上3层的学生文体活动中心，主要设置游泳馆、球馆、医务室、广播室、健身房、跳高室、形体室、舞蹈室以及辅助用房等；地下建筑面积3096m^2，主要功能为人防、停车场及设备房。同时，配套建设室外给排水、电气、绿化、道路及广场等工程。本项目于2022年2月16开工，2023年11月20日竣工验收。工程涉及的大跨度型钢混凝土结构跨度达到39.6m。因跨度太大，造成吊装困难。经过反复论证，施工团队成功完成型钢梁的安装。

综合楼总用地面积约6672m^2，总建筑面积13419m^2，其中地上建筑面积10514m^2。建设内容为1栋综合楼和1栋设备房：设备房地上1层，综合楼地下1层，地上6层，设有普通教室、功能教室、多功能报告厅、图书室、教研室、辅助用房、管理用房等。地下建筑主要功能为人防、停车库及设备用房。本工程于2021年9月1日开工，于2023年8月30日竣工（图5.10.4～图5.10.6）。

图5.10.1 文体活动中心南侧建筑立面效果图

第 5 章 教育类项目管控要点及实践案例

图5.10.2 综合楼鸟瞰效果图

图5.10.3 综合楼建筑立面效果图

图5.10.4 文体活动中心实景

图5.10.5 文体活动中心球场实景

图5.10.6 综合楼实景

5.11 本章小结

本章介绍了海控置业在教育领域代管项目的管控要点和实践案例,针对教育领域项目"单纯又复杂"的特性,管理团队在前期阶段使用需求调研、设计阶段过程管理、成本控制、施工阶段差异化管理四个方面进行了重点管控,形成了教育建筑代管的独特、管理机制,希望为师生提供满足其需求的物理空间环境。同时,还介绍了海南大学观澜湖校区、海南大学生物医学与健康研究中心、海南医学院桂林洋校区、海南师范大学桂林洋校区等海南高等教育领域重点项目的功能、规模、设计特色及工程实施情况,展现了海南省在教育领域的建设成效。

第 6 章

其他类项目

6.1 海南博鳌乐城国际创新药械交流转换中心项目

图6.1.1 南立面实景

项目规模：25658m²

建设地点：琼海市

业主单位：海南博鳌乐城国际医疗旅游先行区管理局

设计单位：悉地（北京）国际建筑设计顾问有限公司

施工单位：海南海控中能建工程有限公司
中国建筑一局（集团）有限公司

监理单位：陕西省工程监理有限责任公司

6.1.1 项目概况

本项目位于琼海市博鳌乐城国际医疗旅游先行区，在博鳌亚洲论坛2021年年会召开前正式交付使用，是国内外医疗合作的重要窗口。项目建成后，通过举办国际创新药品与医疗器械展，引进全球先进创新药械企业，展示企业创新产品、发展历史与技术文化内涵，成为世界先进药械市场与中国市场沟通的重要桥梁和展示平台，以点带面推动乐城先行区打造"四中心一通道"（全球创新药械展示中心、国外上市国内未上市药械的临床数据收集中心、国际药械厂商大中华区的产品培训及售后服务中心、国际中小创新药械企业孵化中心、国外药械企业进入中国市场的重要通道），有益于吸引国内外优秀医疗创新团队聚集，推动博鳌乐城国际医疗旅游先行区高标准、高质量发展，让更多人享受医疗服务福利；同时，进一步提升乐城先行区的品牌效益，实现琼海与国内外城市地区客流、物流、信息流和资金流的互联，从而更好地服务本区域医疗旅游产业发展，助力海南自贸港建设（图6.1.1）。

项目总用地面积28213m²，总建筑面积25658m²，其中地上建筑面积25097m²，地下建筑面积约561m²。建设内容为1栋国际创新药械交流转换中心，首层为药械展厅、城市展览厅，可设置至少52个展位，展出近千种创新药械产品；夹层布置为简餐区、库房及设备机房；二层主要布置为多功能厅、大中型会议室、办公室、库房等功能配套。

6.1.2 设计理念及特色

高大空间

设计造型明朗方正，平面规整对称，观展流线简洁。立面细部设计通过对幕墙局部的材质处理，表现为层叠的浪花。建筑层高刻意进行加高处理满足展厅的需求，同时在首二层之间设置夹层，将大量的配套附属用房布置其中，将大量高大空间给主要核心功能。多种功能有机组合在一起，做到建筑形象完整，功能各自独立，达到功能与形态的和谐（图6.1.2）。

装配设计

项目选择既节能环保又能缩短工期的装配式建造设计，地上结构主体为钢结构框架与钢网架屋面。此外，为加快施工速度，结构采取9m标准模数化柱网，隔墙大量使用轻钢龙骨隔墙构造。

图6.1.2 鸟瞰效果图

6.1.3 工程实施

海南博鳌乐城国际创新药械工程于2021年3月30日竣工（图6.1.3~图6.1.8）。

图6.1.3 外立面实景1

图6.1.4 外立面实景2

图6.1.5 会议大厅精装实景

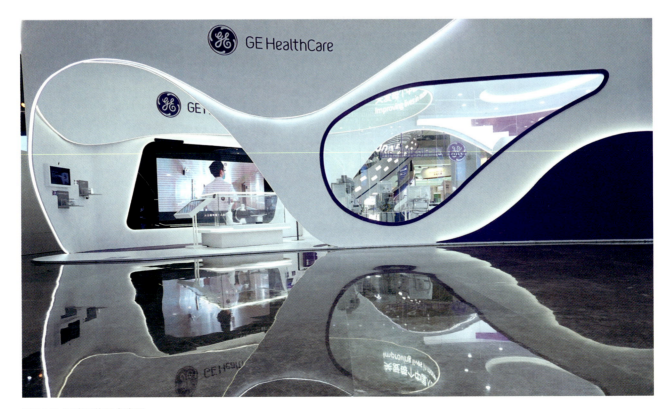

图6.1.6 医疗设施展台实景

第6章 其他类项目

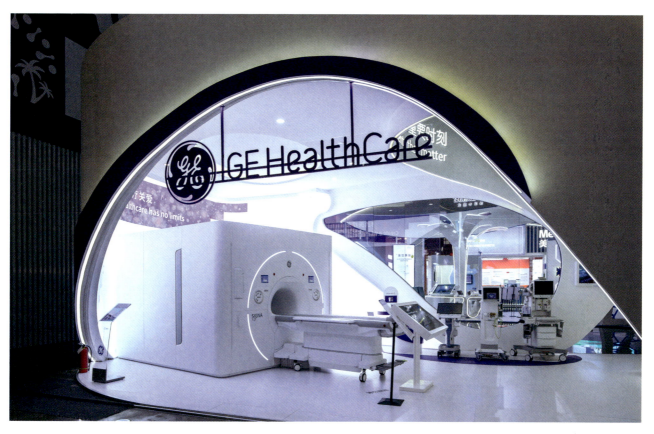

图6.1.7 医疗设施展台实景

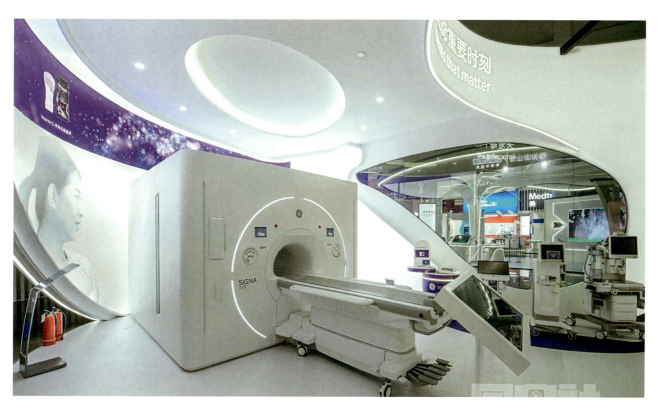

图6.1.8 医疗设施展台实景

6.2 博鳌乐城先行区医工转化平台项目

图6.2.1 建筑鸟瞰效果图

项目规模：142155m²
建设地点：琼海市
业主单位：海南博鳌乐城国际医疗旅游先行区管理局
设计单位：同济大学建筑设计研究院（集团）有限公司
施工单位：海南海控中能建工程有限公司
　　　　　海南威特建设科技有限公司
　　　　　中铁五局集团有限公司
监理单位：康立时代建设集团有限公司

6.2.1 项目概况

博鳌乐城先行区医工转化平台以开放共享为原则，打造海南首个创新药械领域的技术成果转移及孵化平台。平台服务于海南自贸港医疗大健康产业的建设要求，依托博鳌乐城先行区的特许医疗等先行先试政策优势，以临床需求为牵引，促进国内外优势医疗资源与科研和产品资源、社会资本等的深入对接及协同发展，推动创业要素、产业服务与创新链条各个环节深度融合，招引和培育一批高潜力创新型企业，落地一批科技含量高、支撑作用大、辐射带动力强的优质项目，打造良性的健康医疗创新生态体系，进而推动更多医疗科技创新项目转化落地并实现产业聚集（图6.2.1）。

本项目的产业生态系统建设围绕"一平台、四中心"展开，包括公共研究平台、医工创新中心、产业转化中心、产业孵化中心以及公共服务中心，地面分为7个建筑单体，建设总建筑面积142155m²，其中地上建筑面积93258m²，地下建筑面积48897m²，容积率1.5，建筑密度3%，绿地率35%。

6.2.2 设计理念及特色

医工大脑，汇聚智核

入口处的公共服务中心作为园区的标志性门户，集会议、展示、园区经营管理于一体，是园区的智慧大脑和精神核心，将综合服务大厅、对外展示接待和会议中心、科学图书馆等公共服务中心布置在整个地块核心区域，形成集约、高效的服务核心，并通过共享平台连接公共研究平台、医工创新中心、产业转化中心、产业孵化中心四大模块组团，共同打造"一平台四中心"全产业链创新生态体系。

智谷绿芯，生态互联

医工转化平台各部分沿基地外圈环绕布置，中心围合出完整的中心庭院，通过打散、规整、穿插、组合等手法细化建筑量体，增加景观通路链接中心庭院与城市生态绿轴。在使用模式与生态设计中形成围绕绿芯的使用模式，同时配合综合服务中心向各科研、转化、孵化中心的功能辐射，形成"智谷绿芯，生态互联"的片区格局（图6.2.2~图6.2.10）。

图6.2.2 南侧建筑立面效果图

图6.2.3 总平面图

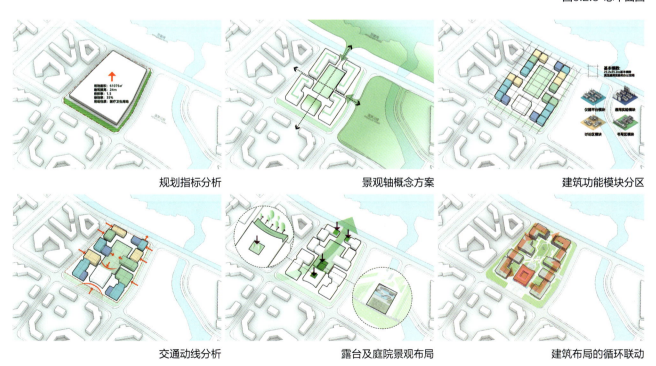

规划指标分析　　　　景观轴概念方案　　　　建筑功能模块分区

交通动线分析　　　　露台及庭院景观布局　　　建筑布局的循环联动

图6.2.4

图6.2.5 中心庭院景观方案效果图

图6.2.6 南广场夜景效果图

图6.2.7 下沉庭院景观方案效果图

图6.2.8 公共服务中心展厅精装方案效果图

图6.2.9 下沉庭院景观方案效果图

图6.2.10 沿河视角景观透视效果图

6.2.3 工程实施

工程于2023年2月6日开工,计划于2025年上半年竣工。

6.3 海南省图书馆二期工程项目

图6.3.1 图书馆鸟瞰实景

项目规模：32928m²

建设地点：海口市

业主单位：海南省图书馆

设计单位：同济大学建筑设计研究院（集团）有限公司

施工单位：中国建筑第八工程局有限公司

监理单位：新恒丰咨询集团有限公司

6.3.1 项目概况

海南省图书馆位于海南省海口市琼山区国兴大道文化公园内，始建于2003年，是全国最年轻的省级公共图书馆。随着藏书量及少儿阅览等需求的出现，二期扩建工程应运而生。图书馆二期工程为海南省海口市城市公共文化设施规划建设项目之一，也被列入海南省"十三五"规划中。项目完成后，极大提高了阅览座次，有助于增加数字阅读等多元阅览空间，丰富少儿阅读体验。新馆的小剧场以及亲子活动区等还有助于开展演讲、主持等活动，承担更多的文化功能（图6.3.1）。

图书馆二期项目是在省图书馆现址基础上的改扩建。项目在东、西两侧停车场各新建1栋楼房，均为地上6层，地下1层，分别为东楼和西楼。东楼用作

少儿阅览室，建筑面积13350m²，主要设置少儿剧场、少儿阅览区、活动教室等。西楼用作藏书楼，建筑面积19950m²。主要设置层架式书库、数据机房、读者借还区等。地下建筑总面积11000m²，主要为机动车库和设备用房（图6.3.2）。

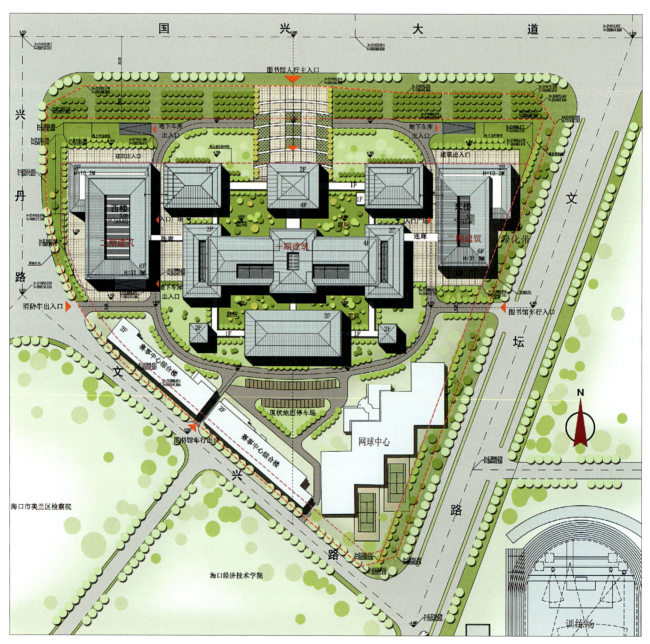

图6.3.2 图书馆总平面图

6.3.2 设计理念及特色

园馆相融

二期工程建筑风貌延续一期"园馆相融"的设计理念，高低错落，体量各异的建筑单体散落于园林之中，周圈围合绿化带与绿化庭院，浑然一体，和谐共生（图6.3.3）。

文化地标

二期工程将"文化地标"体现在建筑的整体形象的设计上。立面大面积玻璃窗与实墙面产生强烈的虚实对比；天沟分段式坡屋面、镂空屋脊、组织有序的排水，丰富并改善了传统大面积坡屋面的单调观感与防、排水效果；外墙采用双柱外凹式竖向线条，挺拔利落。宏观体量的呼应与微观细作的配合，树立起富

图6.3.3 图书馆西侧鸟瞰效果图

有文化内涵、典雅、庄重的图书馆形象。

新老对景

二期工程遵循一期工程的南北中轴线设置，在基地东、西两侧对称地新建两栋建筑，同时强化贯穿庭院的东西向景观轴线，将东、西楼主入口设置于该轴线处，与一期庭院形成对景关系（图6.3.4）。

童趣设计

儿童馆入口大厅设置连续的灯带，中部环绕"智慧之眼"，颇富童趣；彩色核心筒电梯厅及阅览空间的颜色随功能逐层改变，鲜艳活泼；阅览区家具采用低矮+圆角式设计，方便儿童使用，提升安全性（图6.3.5）。

图6.3.4 内庭景观方案效果图

图6.3.5 亲子阅览室精装方案效果图

6.3.3 工程实施

海南省图书馆二期工程于2020年5月18日开工,于2021年10月21日竣工(图6.3.6~图6.3.11)。

图6.3.6 北侧鸟瞰实景

图6.3.7 东北侧鸟瞰实景

图6.3.8 东楼阅览室实景

图6.3.9 东楼阅览室实景图

第6章 其他类项目

图6.3.10 展览厅实景

图6.3.11 东楼电梯厅实景

261

6.4 三亚悦榕庄会议中心更新项目

图6.4.1 报告厅精装方案效果图

第6章 其他类项目

项目规模：4284.87m²
建设地点：三亚市
业主单位：海南三亚国宾馆酒店有限责任公司
设计单位：上海市建筑装饰工程集团有限公司
施工单位：上海市建筑装饰工程集团有限公司
监理单位：海南新世纪建设科技有限公司

6.4.1 项目概况

本项目位于海南省三亚市鹿回头湾。三亚悦榕庄酒店自2008年开业，作为全国第一家全泳池别墅酒店，拥有一流的环境和配套设施，已成为三亚最受欢迎的度假酒店之一。其酒店会议中心是承接行政首长联席会议、高层会晤、秘书长联席会议等活动的主要场所。2020年9月18日，泛珠三角区域合作行政首长联席会议在海南三亚召开，三亚悦榕庄酒店会议中心被指定为大会主会场。酒店会议中心改建工程在短时间内全面提升了室内装修品质和功能，为"泛珠大会"的顺利召开保驾护航，也是推动区域合作交流，共享共赢海南自贸港重大历史发展机遇的成功典范。

项目总建筑面积4284.87m²，建筑高度5.5m（局部高度10.9m）。项目建设仅保留主体建筑结构，主要建设内容为酒店会议中心装修及室内管线拆除重建，包括土建工程、建筑二次装修工程、给水排水工程、电气工程、设备采购、拆除工程等。项目总投资约2093.23万元（图6.4.1）。

6.4.2 设计理念及特色

格构元素

设计风格以海南地域文化特征为主线。会场的设计元素来自海南度假酒店传统木构建筑的格构元素，运用现代的构图手法，把几个层次的木构叠加形成顶面单元，顶面格构往墙面延伸，形成立面的分割构图。大会场的入口门内凹形成门斗，结合顶面设计和墙面壁灯，强化会场隆重的仪式感。格构在会议室和贵宾室也有延续，通过均匀的光膜效果和木格构呈现现代气息（图6.4.2~图6.4.5）。

配色选材-热烈自然

温暖热烈的色调体现热带风情，海南当地特有的装饰材料体现质朴自然的地域特色。贵宾室以三亚市花三角梅艺术画作为空间主题，地毯的色调也呼应红色，呈现热烈庄重的氛围；会议室立面采用椰壳马赛克、硅藻泥涂料与金属装饰条结合的设计，地面木纹地砖配合度假风格的会议家具，既有热带区域特有的环境氛围，又体现会场的严谨性。

图6.4.2 报告厅精装方案效果图

图6.4.3 会议室精装方案效果图

图6.4.4 贵宾室精装方案效果图

图6.4.5 报告厅外廊精装方案效果图

6.4.3 工程实施

三亚悦榕庄会议中心更新工程于2020年6月20日开工，于2020年8月6日竣工（图6.4.6～图6.4.9）。

图6.4.6 报告厅实景1

图6.4.7 报告厅实景2

图6.4.8 报告厅实景3

图6.4.9 报告厅实景4

6.5 海控全球精品（海口）免税城项目（二、三期改造工程）

图6.5.1 精装实景1

项目规模：23028m²

建设地点：海口市

业主单位：全球精品（海口）免税城有限公司

设计单位：悉地国际设计顾问（深圳）有限公司

施工单位：北京三鑫晶品装饰工程有限公司

监理单位：海南省建设工程顾问监理有限公司

6.5.1 项目概况

本项目位于海口市大英山新城市中心区海航日月广场东区，是海控全球消费精品中心的重要组成部分。项目建成后，将打造全球免税购物中心和时尚消费中心，充分发挥省会中心城市的带头、引领和示范作用，加快形成以现代服务业、高新技术、商贸金融为龙头的总部经济集聚区。

项目改造总建筑面积23028m²，二期工程建设内容为：对水瓶座一层、二层、三层进行精品专柜店装修改造，涉及改造装修面积为17258m²；对水瓶座外立面进行底层橱窗、门头及外墙面广告牌位改造，并增设LED屏；增加灯光工程和室外工程；安装海关监控设备。三期工程建设内容为：对摩羯座一层、二层进行装修改造，总面积5070m²，其中一层改造面积为2538m²，二层改造面积为2532m²（图6.5.1）。

6.5.2 设计理念及特色

编织理念

商场内部采用现代图案，材料、雕塑、照明装置和细节灵感来自编织之美。地面设计灵感来自编织图案。为契合不同楼层的销售品类，每层楼采用不同的地面设计，地面图案的疏密程度也随品类而变化，通过瓷砖切割、金属镶嵌、颜色填充等方式完成。部分休息区铺设编织地毯。一系列精致的编织金属网形成光环以分隔香化大厅中的不同销售单元。

光柱设计

光柱的玻璃外层覆有金属箔图案、柔光镜及玫瑰色金属装饰，漫射灯光使内部柱体具有一定的可见性，呈现半三维效果。数字屏幕包裹部分光柱表面，展示个性化品牌广告。

数字屏幕环

中庭LED屏幕采用挑空环形设计，以磨砂金进行外壳装饰，与下方的地面图案相呼应（图6.5.2、图6.5.3）。

图6.5.2 精装方案效果图1

图6.5.3 精装方案效果图2

6.5.3 工程实施

海控全球精品（海口）免税城二三期工程于2021年6月9日开工，二期于2021年8月30日竣工，三期于2022年10月26日竣工开业（图6.5.4～图6.5.11）。

图6.5.4 精装实景2

图6.5.5 精装实景3

图6.5.6 出入口实景

图6.5.7 精装实景4

图6.5.8 精装实景5

图6.5.9 精装实景6

第6章 其他类项目

图6.5.10 精装实景7

图6.5.11 精装实景8

6.6 本章小结

本章介绍了海控置业在其他领域的重点代管项目，项目共5个，分别为：海南博鳌乐城药械交流转换中心、博鳌乐城医工转换平台、海南省图书馆二期、悦榕庄会议中心、海控全球精品海口免税城，代表了会展、产业、文化、酒店、商业5个领域。这些项目既展现了海控置业代管能力的多面性，也可以让读者一窥海南省在这些领域所取得的显著建设成效。

第 7 章

代管项目建筑新技术应用示范

在省住房和城乡建设厅的指导下，海控置业在代管项目中积极响应，加速海南省建筑业相关政策在代管项目中实施落地，推动绿色建筑、装配式建筑、BIM技术、智慧建造及智能建筑等新理念、新技术的应用示范。2020年，海南省多部门联合提出实施绿色建筑创建行动，以装配式建筑为抓手，进一步加快省内绿色建筑产业高质量发展。2022年9月省人大常委会颁布了《海南省绿色建筑发展条例》，以地方性法规的形式助力海南省城乡建设领域实现碳达峰，为海南推进绿色建筑高质量发展、打造国家生态文明试验区提供了重要保障，海南省建筑业也走上了绿色、低碳发展的快车道。

同时，省住房和城乡建设厅先后就《海南省超低能耗建筑技术导则》《海南省建筑信息模型（BIM）技术应用导则》《海南省绿色工业建筑设计技术导则》《海南省装配式建筑示范管理办法》等文件公开征求意见，并已正式印发上述部分文件。目前，海南省已基本搭建了建筑业发展的顶层架构，为高质量、高标准建设中国特色自由贸易港，落实"三区一中心"战略定位，提出了建筑领域的实施方案。

为了更好地提升政府资金的利用效率，在项目投资相对有限的前提下，海控置业秉着将"好钢"用在"刀刃"上的理念，努力通过成本管控、项目管理等手段，推动有关项目在建筑新技术方面进行实践应用。代管的项目中，绿色建筑一星项目11个、二星项目15个、三星项目3个，装配式比例50%以上项目29个、70%以上项目2个，并有十余个项目入选了各年度海南省建筑业新技术应用示范工程名单，助力了海南建筑业转型升级。

7.1 绿色建筑应用示范

7.1.1 低能耗建筑技术应用

海南医学院桂林洋校区图书馆项目以国家标准《绿色建筑评价标准》GB/T 50378—2019三星级为目标，结合"开放、绿色、人文"的建筑方案特点，系统性集成绿色外围护结构系统、高效冷热源系统、可再生能源利用等主要绿色建筑技术措施，成为海南地区绿色低碳图书馆的标杆。

（1）绿色外围护结构系统

为适应当地夏热冬暖地区的气候特点，建筑采用南侧内收，北侧退台式的体型设计。南侧底层退进形成了舒适的室外遮阳空间，提高了室外互动空间的舒适性。北侧层层退台的体量与城市绿化进行衔接，形成连续的自然绿带。同时，建筑外墙和屋面选用太阳辐射反射系数大于0.4的浅色铝板、地砖饰面材料，有助于缓解城市热岛效应（图7.1.1）。

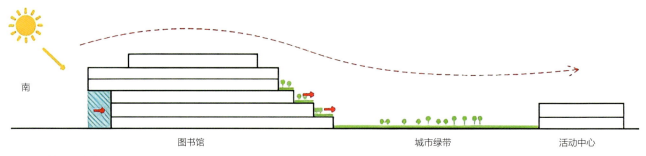

图7.1.1 体型设计分析图

图7.1.2 围护结构设计图

此外，项目团队在建筑外围护结构设计时减少了大面积玻璃幕墙的使用，在满足天然采光需求的前提下，将各立面窗墙比控制在0.3以下，选用得热系数较国家标准降低20%以上的外窗玻璃（图7.1.2）。立面设计还采用折叠式穿孔铝板构造，形成固定遮阳系统，遮阳系统覆盖面积达到45%以上，一方面可有效减少进入室内的太阳辐射量，降低暖通空调能耗，另一方面还可以营造舒适的室内光环境，降低太阳眩光对阅读的影响。

（2）高效冷源系统

在当地建筑运行能耗中，空调系统能耗一般可达到30%~40%。为降低空调系统能耗，项目团队分析了多种节能措施，优先采用节能效果最好的高效冷源系统（图7.1.3）。考虑到校园内建筑比较分散、地下室范围未涵盖整个区域，项目所在地冬季无需供热，仅夏季供冷，保障图书馆内书籍安全等多种因素，项目团队最终选用多联机+新风系统。同时还要求多联机IPLV比现行《公共建筑节能设计标准》

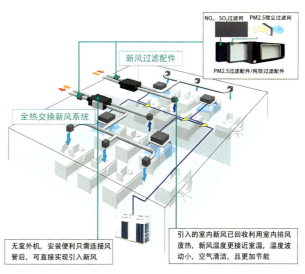

图7.1.3 空调系统示意图

GB 50189—2015提高16%以上，新风系统设置排风热回收，选用2级能效等级的风机、水泵、变配电变压器、照明等绿色节能措施，进一步降低了暖通及照明系统能耗。据估算，图书馆供暖空调能耗较常规项目可降低10%以上。

（3）可再生能源利用

图书馆位于海口市，属于太阳能资源Ⅲ类区，太阳能资源丰富且优势明显。图书馆建筑本身无生活热水需求无需考虑太阳能热水，同时用电需求量大，因此项目团队优先采用太阳能光伏系统。结合园区建筑布局、日照时数分析，项目团队将光伏系统与建筑第五立面造型一体化设计，实现光伏的最大化应用。经光伏专项深化设计，屋面共计安装374块光伏发电板（图7.1.4），峰值装机功率可达205.7kW。图书馆光伏系统采用自发自用、余电上网的模式，有效降低了建筑耗电量。

7.1.2 被动式节能技术应用

海南大学生物医学与健康研究中心通过"被动式"节能建筑设计的方式，减少能源的主动供应需求。被动式建筑设计是指通过建筑本身，而非利用机械设备等，减少用于建筑照明、空调等方面的能耗。

在建筑形态设计的过程中，采用了上大下小、层层出挑的建筑形态，在各层空间上形成建筑的自遮阳。同时，在外立面设计中采用竖向遮阳百叶与玻璃幕墙相结合的方式。造型及立面设计在提供舒适室内外环境、大幅减少建筑能耗的同时，也赋予建筑特征性的外观。通过夏至日照最强烈时段（14：00）的分析结果可以看出，形体特征基本实现了建筑主要出入口、首层通廊、室外活动平台等人员活动最为密集区域的遮阳覆盖，创造了更加宜人的室内光环境和蔽日遮雨的室外公共空间（图7.1.5）。

此外，为了实现良好的风环境，项目积极迎合夏

图7.1.4 屋顶光伏玻璃效果图

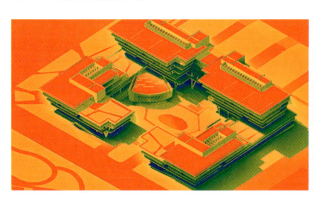

图7.1.5 日照分析图

季与过渡季主导风向，为建筑与场地内部实现有效通风创造有利条件。项目团队进行了风环境模拟分析（图7.1.6），发现夏季建筑前开敞区域风环境较为舒适，但内部庭院风速较小；冬季建筑周边风环境均较为舒适，但内部庭院风速较低，可能会存在涡流或无风区。为了进一步优化庭院风环境，将建筑东南侧角部做了底层架空处理，提升了内部庭院的风速及环境舒适度。基于上述被动式手法，使得运行能源需求进一步减少，为热带区域的被动式建筑实践提供了参考。

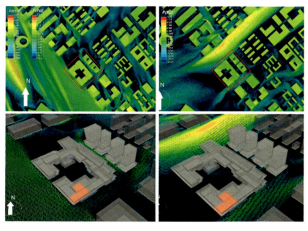

图7.1.6 风环境分析图

7.1.3 建筑光伏一体化应用

博鳌乐城先行区医工转化平台项目中提出建筑光伏一体化的理念，在设计之初结合建筑、结构等相关专业要求，共同确定光伏系统各组成部分在建筑中的安装位置。7栋单体建筑屋顶均设置钢筋混凝土结构架，将光伏方阵承托在高于屋面5.5m位置处，并在光伏结构下设置屋面设备区域。光伏造型板既能满足屋面区域的遮阳、避雨及提高设备的耐久性及耐候性的要求，也起到了保温隔热的效果。与此同时，通过对光伏板色彩及造型的选择创造了建筑整齐划一的第五立面效果，打破了传统科研型建筑屋面满眼是设备机器的刻板印象。项目内院中景观人行连廊也采用新型光伏造型板作为遮阳顶盖，这种方式利用光伏板透明度满足了人行连廊的采光照度要求，又实现了人行连廊结构安全性、遮阳、隔热等功能。新型光伏的美观性与周围建筑、景观融为一体，实现了整体效果的统一。

光伏装机面积约2万m^2，总装机容量约4MW，建成后，预计年发电量440万kW·h。建筑光伏一体化设计既丰富了建筑外观第五立面的艺术表达，又实现了保温、隔热、发电等综合功能，美观性与功能性得到了有机统一。

7.2 装配式建筑应用示范

7.2.1 装配式钢筋混凝土竖向构件技术应用

海南医学院第一附属医院江东新院区项目实现了海南省首个竖向构件预制柱技术的成功应用。项目团队联合设计单位、建设单位、科研机构等多方力量进行反复探讨研究，将项目感染楼主体结构中的16根钢筋混凝土框架柱采用一种新型连接的预制柱构件技术进行施工。该新型连接节点，预制柱柱头采用钢柱头进行转换，下柱纵筋锚固于下柱顶部钢端板处，上柱纵筋锚固于上柱底部钢端板处，通过外包柱头的钢箍板进行转换连接（图7.2.1）。柱纵筋采用螺栓内外螺母+垫板固定于端板上。预制柱可采用抽芯法或离心法施工形成空心柱，有效降低预制构件的重量，方便运输、吊装。

相比现浇工艺，采用的预制柱在制作环节减少80%以上的建筑垃圾排放、40%～50%用工量以及30%～50%的水电损耗，经济效益明显。施工速度上，16根预制柱现场安装仅需1天时间，相比现浇工艺时减少了4天，大幅缩短了感染楼的施工周期，为同类装配式建筑的设计、施工提供了全新的解决方案（图7.2.2）。

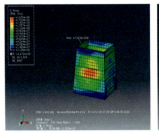 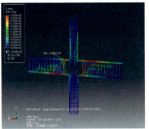
图7.2.1 箍板、钢筋应力分析图

图7.2.2 施工现场

7.2.2 装配式冷冻机房技术应用

海南省中医院项目空调冷冻机房，为海南省已建最大采用磁悬浮机组的空调机房，该机房为20万m²院区提供"冷量"。项目机房不仅在主机选择上采用国际最先进磁悬浮技术，而且该机房整体采用装配式方式施工，绿色环保、节能降耗、施工高效。

通过现场实际测量机房各项数据，包括层高、土建结构尺寸、预留洞口位置等，修正施工与图纸之间的误差，提升机房系统二次深化的设计精度。在三维建模的过程中，把机房图纸拆分为189个模块，其中设备模块16个，管道模块173个，采用模块递推式装配式和整体吊装相结合，完成机房的安装（图7.2.3）。

在LOD400设计精度模型的基础上，精准地绘制了模块图纸。各个系统管线均有准确的标高、管径尺寸；防"冷""热"桥垫木进行了颜色分类；阀门、仪表按类别、外形尺寸进行了绘制及精确定位。管件在加工预制中的除锈、切割下料、组队、焊接、预装、气压试验等各个工序严格把控，保证预制加工的精度。各零部件加工完成后，在工厂内部进行预拼装模块组装，并为防止破坏，增加吊架等固定装置（图7.2.4）。

运输组装阶段，采用可拆卸周转式栈桥移动轨道技术，在设备基础间搭建栈桥，利用卷扬机牵引、地坦克滑动的运输方式将装配单元运输就位。通过可拆卸周转式栈桥轨道的应用，较传统就位方式型钢用量减少85%，栈桥轨道使用周转率达100%。

装配式冷冻机房的应用有效地解决了因现场空间小、焊接困难而造成的施工条件限制，既能缩短工期，又能提高质量，具有推广价值。

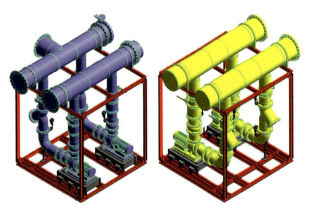
图7.2.3 冷冻水设备模块、冷却水设备模块、管道模块模型图

图7.2.4 模块化安装机房

7.2.3 装配式装修技术应用

上海交通大学附属瑞金医院海南博鳌研究型医院项目应用了装配式装修技术，其中集成卫生间的应用使项目的施工效率及质量得到了很大的提升。

集成卫生间是由工厂预制的一体化防水底盘、墙板、顶板（天花板）构成，工厂通过ISO质量管理体系以及工业自动化2.5体系，实现了构件批量化、高品质、成本可控。有关构件运至现场后无需反复调试，可以采用榫卯结构和机械密封工艺迅速完成安装，并将洁具、浴室柜、浴缸、淋浴屏、花洒等配件都集成到卫浴空间中。装配式卫生间面材有多种选择，有防滑瓷砖、天然大理石、人造石、薄板等，能够满足不同环境下的需求，并用铝芯蜂窝做结构，通过高密度聚氨酯在高温高压环境下整体复合成型，有着良好的防渗漏性。

集成卫生间且还具备安装快速、现场无污染、无噪声等各类优点，两个工人半天即可组装一套卫生间，有效提升了施工效率，保证了工期要求。

7.3 BIM技术应用示范

7.3.1 BIM正向设计应用

上海交通大学附属瑞金医院海南博鳌研究型医院二期项目全过程使用BIM正向三维设计技术。项目设计以三维BIM模型为出发点和数据源，完成从方案设计到施工图设计的全过程任务，在全过程设计及项目管理过程中起到了快速出图、可视化沟通、三维协同优化、绿色性能模拟等重要作用。

项目图纸均通过设计师亲自操作软件进行施工图设计工作，其中建筑的BIM正向出图率高达93%，包括总图、平立剖、墙身卫生间楼电梯大样、门窗表等。设计师通过采用BIM正向设计模式将花费在图纸与表达上的多余精力转移到建筑设计本身，进而实现对创造力与生产力的解放并提高设计效率。

设计过程中通过可视化沟通、三维协同优化，在建模、绘图过程中，提前解决建筑、结构、设备管线间的碰撞关系。例如，在项目一期实地考察中，发现地面可见屋顶设备机组，二期需要避免并进行优化。通过正向设计优势，项目团队几小时内发现并解决问题，完成了立面效果研究及方案优化。同时，还实现了"多源一模、一模多用"的场景，在沟通汇报中使用二维、三维结合的方式，直观地展示项目全貌，快速使汇报对象了解项目主要特征和空间尺度。此外，项目通过模型参数化的节能计算、典型热桥节点模拟等绿色性能模拟，保障项目能够低能耗运行（图7.3.1～图7.3.3）。BIM正向设计从多个维度为设计的质量、效率提供了保证。

图7.3.1 管线密集的区域模型图

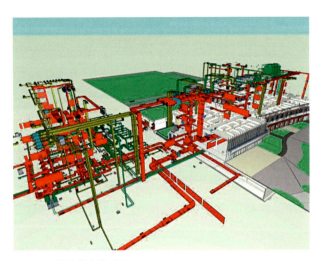

图7.3.2 管线综合模型图

图7.3.3 机电屋面设备模型图

7.3.2 施工阶段多专业协同BIM技术应用

海南省妇幼保健院异地新建项目为了解决大型医疗项目专业系统多、医疗管线密集、排列难度大、建模工作难度大的问题，在施工中全程使用BIM，完成了相关优化及管理工作。根据工程的进度将建筑的各类运维信息及时添加到模型中，实现项目管理过程中BIM的全面应用，统筹、协调、管理各专业施工，完成制定的安全、质量、工期、投资等各项管理目标，做到精细化管理。

项目的BIM模型基于云平台，让各参与方同时接入统一的模型进行协作。项目通过将建筑、结构、机电、幕墙等多专业，结合进度、质量、安全、物料等问题与BIM模型相关联，实现应用多体系与多专业交互联动，做到智能建造、精细化管理；通过将BIM模型与Project进度文件关联，实现任务拆解，保证建设工期。

通过BIM管综深化，项目团队提前合理空间排布各管线，提前发现问题，提前解决问题。基于BIM管综深化出施工图600余张，解决设计图纸问题500余处，解决净高不足80余处，合理优化各管线路由90余处，有效避免了后期管线施工过程中拆改（图7.3.4）。

项目在BIM管综深化的基础上，进行BIM二体墙体设计，并按照要求快速开洞，提前准确预留洞10000余处。结合二次墙体预留洞，施工过程合理避开过梁、构造柱、圈梁等综合情况，制作成为"一墙一图一码"，施工人员可以扫码查看对应图纸并开展施工，完成施工后可以上传现场照片至后台进行验收。精细化二次墙体BIM预留洞基本规避了后期施工过程中凿洞、拆改的现象，杜绝了传统"先砌后凿"的粗放施工模式及浪费资源问题，遵循了绿色环保施工意识，提高了工程质量，节约了工期及成本。

项目在整个施工过程中完成模型优化及深化设计面积总计9.5万m²，涵盖机电安装全专业，包括医疗专项区域，占工程总建筑面积的95.1%；通过完善BIM网格化管理流程，有效解决了项目碰撞冲突、结构误差、标高不足、系统缺漏及装修造型等累计670余处问题，保证深化设计中各专业间的技术协调，避免各专业工种在施工中产生矛盾，实现了多专业协同一体化BIM技术落地应用（图7.3.5）。

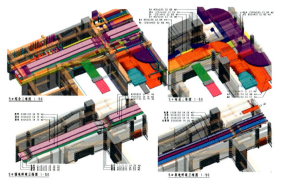

图7.3.4 复杂管线节点BIM深化图

图7.3.5 BIM模型与实际施工对比图

7.4 智慧建造与智能建筑技术应用示范

7.4.1 智慧工地综合应用

海南医学院第一附属医院江东新院区项目在施工管理中深入贯彻"智慧建造"理念，推行工地信息化监管。依托项目管理数智建造平台，集成了智能塔式起重机监控、升降机安全监测、悬挑外架安全监测、远程视频监控、工人实名管理等20余项系统。

智能塔式起重机监控系统中主要包含现场塔式起重机安装吊钩可视化、塔式起重机运行数据显示、防碰撞限位、不安全行为实时预警等功能。塔式起重机防碰撞功能对现场全覆盖，实现对塔式起重机运行数据的实时记录以及危险情况下的塔式起重机自动限位，并将塔式起重机设备信息、塔司信息、设备工效、报警记录、监控状态、塔式起重机前后臂长等实时动态信息显示在数智建造平台上，便于远程监管和信息留存。

升降机安全监测系统对每一台施工电梯都进行了智慧化管控，升降机的操作需要人员进行人脸比对后才可进行，运行高度、速度、载重人数、重量、前后门开关状态、顶升上限位状态都通过数智建造平台进行监控。悬挑外架安全监测系统实现了手机端脚手架荷载及位移的实时监控，监测频率为半小时1次。卸料平台安全系统通过重量传感器实时采集当前载重数据，并上传至数智建造平台，当出现超载现象时，现场声光报警，有效预防安全事故的发生。智能安全帽系统依托物联网、AI识别、大数据等技术，实现了电子围栏、安全防护预警、定位管理等多项安全识别和实用智慧功能。智慧安全监测系统，引入了室内外安全巡逻机器人、智能引导机器人、智能测温机器人、智能消毒机器人等多款机器人，实现了全面的安全监测（图7.4.1）。

数智建造平台实现了对建设项目全方位、全要素、全过程的智能化管理，在工作效率、安全保障、工程质量、管理效能等方面，赋能工程建设，实现科技助力。

图7.4.1 智慧工地应用图

7.4.2 建筑智能化系统应用

海南医学院第一附属医院江东新院区项目采用了医院智能化系统，采用现代信息技术、网络技术和自动化控制技术，实现对医院的安全、设备、信息的合理有效管理，为医院业务管理、设备运行以及对外服务提供高科技、高效率的管理和服务手段。

项目智能化系统共设置三套网络：外网、内网、设备网。内外网系统采用F5G全光网络，F5G全光网络是点到多点（P2MP）架构的无源光网络，是无源光网络（GPON/XGS-PON）技术在园区网中的应用。F5G全光网络由核心交换机、光线路终端（OLT）、分光器（ODN）、光网络单元（ONU）组成，作为创新网络技术，F5G全光网络在带宽基本相同的前提下，在网络架构、绿色节能、QoS保障、安全性、业务承载能力、运维管理等方面有较大优势。

项目智能化系统涵盖信息基础设施、安全防范系统、医护专用系统三个部分。信息基础设施中包括综合布线系统、计算机网络系统、物联网管理系统、建筑设备智能监控系统等；安全防范系统中包括视频监控系统、入侵报警系统、一卡通系统等；医护专用系统中包括护理呼叫系统、排队叫号系统、手术示教系统等（图7.4.2），全面保证了医院的智能运营。

7.4.3 建筑信息化系统应用

四川大学华西乐城医院项目为了实现多部门（机构）跨地域信息自动采集、交互与共享及跨平台（系统）医疗业务协同管理，采用了智慧医院信息化系统，实现数据资源利用率和工作效率的最大化。

为了乐城医院与华西医院及其医联体医院之间的院间协同，项目基于统一的数据规范建设了乐城医院的数据中心，在法律和个人隐私允许的前提下，实现了医疗数据跨部门、跨机构互联互通。为了锚定"全科型、科研型"的医院定位，项目从智慧临床、智慧手术、特殊专科、智慧医技、智慧管理、互联网医院、科研7个方面开展全面信息化建设，为患者提供智能化、数字化及个性化的医疗服务，满足更高效、低失误的医疗需求。

项目还通过建设影像AI系统，基于图像识别和深度学习两种技术，试点肺部影像AI应用，将目前最先进的人工智能技术应用于医学影像诊断中，帮助医生诊断患者病情，从根本上改变传统高度依赖劳动力的读片模式，在一定程度上缓解医学影像诊断的压力，满足乐城医院的相关诊疗及科研需求。另外，项目利用大数据、知识图谱、疾病预测模型等信息技术，搭建真实世界研究平台。基于真实的医疗环境、临床数据，科研团队研究反映实际诊疗过程和真实条件下的患者健康状况，通过数据采集、治理和管理，为疾病的早期诊断、预测预警、临床决策支持和个体化医疗提供大量数据支持，为患者提供诊前、诊中、诊后的一站式疾病管理与诊疗服务，完成专病管理的闭环，最终形成完整的"防未病、治已病、防复发"的医学人工智能真实世界数据平台，支撑乐城医院的科研工作，切实做到研以致用，把研究成果转化为推进高质量医院建设的实际成效。

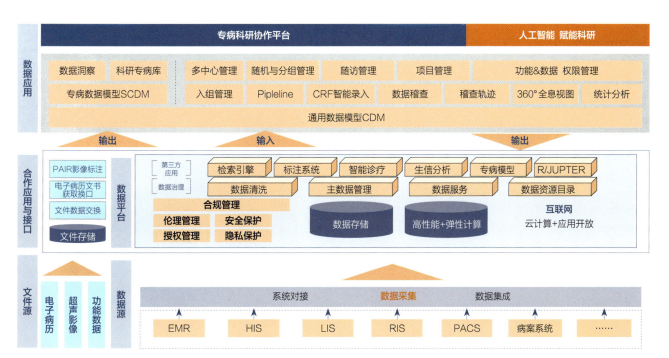

图7.4.2 医院信息化系统结构图

7.5 其他建筑新技术应用示范

7.5.1 清水混凝土创新工法应用

海南大学生物医学与健康研究中心项目应用了清水混凝土创新工法,进一步提升了清水混凝土的施工质量。项目中有大量的清水混凝土结构(展开面积约50000m^2),涉及高支模悬挑板、变角度斜柱、弧形墙、弧形梁、斜墙等特殊构件(图7.5.1红色区域),建筑造型复杂多样,设计及观感质量要求高,一次成型难度大。为了更好实现清水混凝土构件浇筑品质,项目团队做了大量施工工法研究工作。

项目团队通过BIM建模技术提高清水模板深化精细度,有效规避螺栓孔与墙体钢筋的碰撞,确保整体协调美观;弧形墙体模板加工复杂,根据模板配模图纸编译模板加工程序,利用自动化数控机床和工业化机器人对模板进行精细加工,将模板加工精度提升至毫米级,精准复刻构件几何尺寸,保证清水混凝土模板单元几何尺寸的准确以及单元安装的严密性;并配合精准定位安装技术,实现对造型复杂的清水混凝土精细化施工。项目还创新采用弧形龙骨拼装弧形模板单元的方法进行清水混凝土弧形墙体施工;在模板单元周转使用过程中,应用同类型模板单元可替代原理进行材料周转,从源头上节约材料和人工成本。

另外,项目3号楼的造型为类似"倒三角形",下小上大,需要在建筑每层的四周支护一圈如同直角三角尺的钢结构来托起更加宽大的上层结构,倾斜立柱交叉相错,增添了建造技术的难度。为了保证该构造的结构施工质量,通过对三向斜柱的板缝拼接、斜柱角度控制、斜柱内夹角固定、抱箍紧固时致使木龙骨破损、斜柱下端异性构造无法加固等问题进行研讨,项目采取三种技术手段组合,对于直立柱和倾斜立柱之间的模板铺设,设计了可开合调整的合页装置,扣进两柱交叉仅有15°左右的空间,确保小角度内的模板严丝合缝。而对于两根倾斜立柱之间的大角度模板铺设,制作了一套钢结构卡尺,它如同撑伞的原理一样,根据倾斜立柱的变化调整贴合立柱的开合大小。最后,在立柱与地面相交的位置使用固定装置顶住立柱的根部,形成多层保护,实现施工中无胀模、漏浆现象,构件几何尺寸及角度控制精准,使立柱无论角度如何变化都做到完美无缺(图7.5.2~图7.5.4)。

通过上述手段,提升了清水混凝土构件浇筑品质,实现了良好的建筑视觉及空间效果。其中"清水混凝土弧形墙模板加工自动化与制作安装工法"获得海南省省级工法认证。

图7.5.1 清水混凝土范围示意图(红色区域)

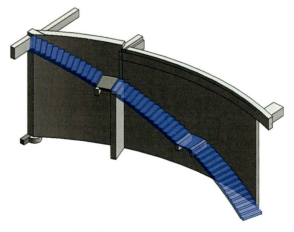

图7.5.2 弧形墙构造图

图7.5.3 清水混凝土模板数字化加工

图7.5.4 项目实景

7.5.2 隔震、减震技术应用

海南省图书馆二期项目位于海口,抗震设防烈度为8度(0.3g),原结构形式为框架—剪力墙结构,通过采用减隔震技术,使地震作用影响降低60%,结构形式也优化为框架结构,为建筑空间的灵活布置创造有利条件,同时也显著提升了结构的抗震性能,降低了上部结构的建设成本。

该项目减隔震技术使用了黏滞阻尼器和橡胶隔震支座。黏滞阻尼器的减震原理是根据流体通过节流孔时产生的黏滞阻力来消耗外部能量;隔震通过在首层底部设置隔震支座,与地下室分隔开,从而有效隔绝下部地震能量向上传递,大大降低了上部结构的地震作用(图7.5.5),保证结构的安全,并且能够防止非结构部件的破坏,避免建筑物内部装修、室内设备的损坏以及由此引起的次生灾害。

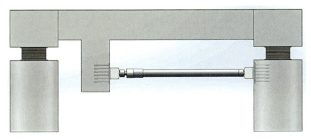

图7.5.5 隔震、减震节点示意图

7.5.3 洁净手术室专项技术应用

海南省中医院新院区采用了洁净手术室系统,以保证对手术室温度、湿度、照度、压差、洁净度、细菌浓度、噪声、换气次数及甲醛浓度等指标的严格控制。

通过BIM优化设计,提前解决了管线碰撞问题,提升了出图效率;完成了管线工艺优化,用Y形三通替代了T形三通,减少了风阻,保证了洁净手术室对风压、洁净度、噪声的要求;快速生成施工区域材料清单,做好事前备料、事中限额领料,防止备料过多或过少对工程的影响及领料过多造成的二次搬运,有效提高了工程质量及施工效率。

通过仿真模型(图7.5.6),项目团队对不同情况下手术室气流组织、空气循环流动等情况进行模拟。通过异形风管预制,降低了原材料损耗并提升了安装效率。通过脂覆膜施工,杜绝已经清理干净的风管内部被后续环境和施工所污染的情况,达到洁净风管施工的要求,提高洁净风管施工工效。

通过以上手段,项目洁净手术室得以充分发挥"肺"的功能,对手术空间进行清洁供氧。

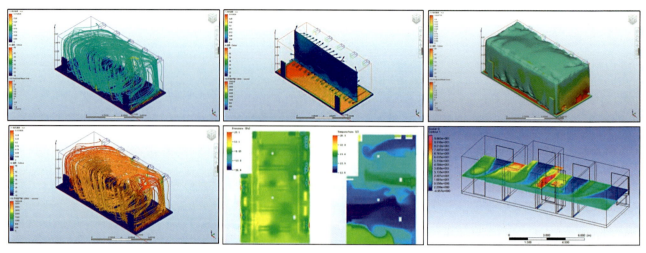

图7.5.6 仿真模拟分析图

7.5.4 智慧物流系统专项技术应用

海南医学院第一附属医院江东新院区项目采用了两项智能物流系统,分别为智能轨道物流传输系统及智能气动物流传输系统。智能轨道物流传输系统依托运载小车、运行轨道,运送检验标本、药物、单据等,"停靠"ICU、检验科、病区药房和标准病区等科室,总共设置65个站点;智能气动物流传输系统,利用气压差在管道中传输各种物品,可用于药品、手术器械等的传输,"停靠"病理科、手术室、检验科、分层抽血、标准病区等科室,总共设置40个站点。

上述智能物流系统,替代了常规手推车,把药品、物品运送到医院的各个角落。该系统可以全天24小时运转,运送过程也不需要人工参与(图7.5.7),使得物流效率得到提升的同时,就医环境也极大改善。

图7.5.7 智能轨道现场

7.6 本章小结

本章结合实际案例介绍了海控置业如何通过代管项目推动建筑行业新政策、新理念、新技术的示范应用。绿色建筑方面，通过优化建筑外围护结构、降低空调系统能耗、增加建筑光伏设置、被动式节能设计等技术手段加以实现；装配式建筑方面，通过钢筋混凝土装配式竖向构件的技术研发应用，以及装配式机房、装配式装修的示范，进一步推动了建筑工业化政策落地实施；BIM技术方面，在传统的BIM技术应用模式基础上，推进BIM正向设计在项目上落地，实现了"多源一模、一模多用"的理念初衷；智慧建造和智能建筑方面，通过智慧工地系统建设实现了质量、工期、安全的数字化管理，通过医疗教育建筑智能化系统和信息化平台建设推动了建筑智能化水平提升和使用方管理的便利化。本章还介绍了代管项目中其他的特色技术应用情况。

第 8 章

高质量推进代管项目的难点及建议

8.1 减少项目建设的不确定性因素

8.1.1 强化前期工作

项目建设可划分为三个主要阶段,包括前期阶段、设计阶段、实施阶段。前期阶段的主要工作目标是确定长远发展目标、项目定位,论证功能类型、建设标准、投资规模、建设计划等方面内容,论证工程建设的可行性与经济可行性,确保能够满足项目所属行业发展规划目标以及使用方的功能需求。

前期工作包括项目建议书、可行性研究、方案设计、初步设计、概算编制五方面具体的工作内容。前期阶段、设计阶段、实施阶段的工作质量对项目建设的经济社会效益影响呈递减的趋势,即前期阶段的边际效应最高,前期阶段工作内容基本决定了项目的边界条件。因此,扎实做好前期阶段工作对于项目成败起到了决定性的作用。

部分项目前期研究和设计时间过于紧张,虽然对实现项目早开工有所帮助,但会导致使用单位的需求梳理、项目功能、方案、初设概算论证不充分等问题,从而引起后续建设过程中的需求变化、功能调整、设计变更的出现,影响项目建设品质,甚至引发超概风险。海控置业选取了海南、上海、深圳政府投资社会领域教育、医疗项目的样本共计47份,其中海南省内12份,上海、深圳35份,在项目规模(不低于5万m^2)、建设内容相近的前提下进行对比分析。如表8.1.1所示,发现海南省项建书到概算批复用时均值为312天,上海和深圳分别为603天、970天,其中上海实际项目中要求可研达到初步设计深度,进一步提高了成果深度要求。充分的前期研究、需求调研、方案推敲对项目整体贡献不可或缺,也为后续阶段工作打下基础。

建议适当放宽项目可研、初设、概算研究编制的时间要求,同时提高前期阶段工作成果深度要求。增强业主单位及行业主管部门的参与度,提升可研、设计、概算等编制单位的专业化程度,建立与项目类型、规模、档次相关的指标数据库,进一步提高前期研究的可靠性。

建议进一步强化项目储备库作用。参考上海经验,将符合发展规划、符合需求、促进经济社会发展的项目纳入项目储备库中,通过综合平衡、技术评审及调度筹划等手段,有序列入年度投资计划,以保持项目建设的连续性,增强投资后劲,实现"在建一批、预备一批、规划一批"的梯次持续滚动发展目标。提升储备阶段项目研究深度,入库后的项目可以进行充分的调查研究、类比分析,形成预可研的研究成果,成熟后出库转入可研阶段,形成有序的安排。建立从项目入库、初步研究、建议书审批、项目出库的一系列管理办法。

项目前期及设计阶段用时统计　　　　表8.1.1

	项建书到概算(天)	概算到施工证(天)	总时间(天)
海南	312	212	524
上海	603	116	718
深圳	970	166	1137

8.1.2 明确建设内容

项目建设内容的确定是从项目所属行业发展规划开始，逐步递进深化至满足各基层使用单元需求的过程。首先，项目所属行业发展规划决定了项目定位，比如医疗项目，定位为区域医疗中心、省级三甲医院还是研究型医院，其功能配置有着本质上的差别，项目定位不仅由医疗机构根据自身能力提出，更需要行业主管部门按照行业发展规划（如省卫健委按照《海南省"十四五"医疗保障事业规划》）统筹全省资源配置后确定。其次，项目定位决定了功能设置，项目定位明确后要以功能设置为载体进行细化布置，比如医疗项目的急诊、门诊、住院、医技等功能设施，教育项目的教学、科研、生活设施等都需要进一步予以明确，这一过程需要项目业主单位或使用方主导，提供明确的需求。最后，功能设置来源于准确且详尽的需求梳理，社会领域项目是以功能为导向的，而功能是由需求所产生的，因此需求梳理的工作尤为重要。需求梳理要根据行业发展规划的时序，满足当前需要又留有一定发展余量，具体量化为各功能空间、设施设备方面的指标上。

实际项目中往往是业主单位基建管理部门牵头对接，使用或者资产管理部门前期没有深度参与到需求梳理的过程中来，导致项目建成后真正的使用方迟迟不接收项目，或在竣工后提出大规模调整，造成资金浪费。部分项目由于前期研究不够充分，业主单位需求不明确，但迫于开工时限压力，先行报送审批了可研、概算，再于项目建设阶段进行弥补调整，进而产生需求变更，容易造成投资浪费、品质下降或发生超概风险。各个使用单元都容易站在各自立场提需求，需求会重叠或脱离实际，需要业主方统筹协调。同时一个项目中关注点很多，在有限条件下，也不可能做到每个点都满足，要有业主方确定需求的优先级。

建议从制度层面进一步强化使用方在项目需求阶段的主体责任。根据项目所属行业发展规划，明确项目定位、功能、总体规模、档次，细分功能需求，各学院、各科室对自身需求进行详细梳理，业主进行内部协调统筹，明确项目功能的取舍、主次关系，厘清优先等级，需求确定后通过业主单位党政班子会议予以确认，过程中代管单位给予工程技术方面的支持。

建议项目所属行业主管部门对功能需求进行审批，确认项目建设内容的必要性和紧迫性。行业主管部门对本行业有着全局认识，能够从全省发展的角度来审视各个项目的目标、定位，并由相关行业专家对项目建设需求进行指导、把关，形成明确的项目输入条件，以便后续可研编制、方案设计等相关工作的开展。

8.1.3 加强前期研究

项目可研的深度和准确性对于后续推进起到关键作用，使用方的功能需求也是通过可行性研究中的方案进行落位的，方案的深度决定了可研的准确性。因此，不能简单地以类比法确定建设指标，而是要通过方案可行性研究发现项目的特殊性。

部分项目以咨询单位出具的可研报告进行报审，未进行方案设计工作或方案深度不足，造成可研与方案脱节。可研的研究成果又与后续工作环环相扣，可研批复的投资估算作为概算控制的依据，批复后的概算又会很大程度影响工程招标控制价。因此，前期可行性方案深度不足可能会导致实施阶段造价不可控因素增加。部分项目可研单位对于场地复杂性估计不足，对于海南气候特点不熟悉，也未采取初勘等技术措施，可研阶段往往凭借经验进行结构体系、桩基、主要机电系统选型，容易造成设计偏保守，或因地质情况变化而无法按预估方案实施。也存在对部分重要专项工程复杂性预估不足的问题，比如医院洁净空调实施范围、物流系统形式、核医学衰变池等专项工程未开展方案设计，而影响投资估算的准确性。

建议项目可研阶段的勘察设计工作前置。选聘行业内具有丰富设计经验的可研编制单位，按照功能需求开展方案设计工作。方案设计深度不仅满足国家建筑设计深度标准，还需满足项目属地规划管理部门对方案报批的相关要求。场地勘察工作前置，开展初步勘察工作，为地基基础设计、桩基选型提供充分依据。方案设计还要针对项目抗震设防、近场效应进行专项评估，拟定合理的结构选型，针对海南特有的气候条件、绿色低碳要求，提出科学的围护系统、机电系统选型，进行专项论证。可研编制单位对投资估算的深度应同步加深，特别是对重点部位、重点专项制定合理标准，避免漏项。各专项设计工作前置。对于重大项目，特别是医疗类项目，其涉及专项工程多且复杂，初步设计阶段需要全面完成各专项设计工作，专项方案需经业主单位及主体设计单位确认，深度达到供二次深化设计的标准。概算编制除建筑主体各项外还需全面纳入各专项工程，同时考虑项目市政配套条件的不确定因素。

建议对于确实无法准确计算的情况要科学预留暂列项、暂定金，概算指标应贴近市场水平，量价精确，严格避免概算漏项。可参照上海、深圳等地区经验，根据充足的项目数据样本，形成海南各类项目的规划、功能、造价标准，为审批提供参考。

8.2 保障项目建设资源齐备

8.2.1 规划条件与供地

规划条件是顺利推进项目的必要保障。对于整体新建项目，同一个项目跨不同地块，由于功能布局的要求，部分功能必须紧凑布局，在总规模不变的前提下对地块间的容积率进行调剂。比如大学校园占用多个地块时，操场所占地块容积率势必浪费，若不调剂，则其他地块造成损容，浪费土地资源。此类项目不涉及商业盈利，但由于机器管规划的要求，需要履行控规调整程序，经历论证、公示等流程，容易对项目推进造成影响。

供地也是项目推进的重要因素之一。有的项目存在红线内征地拆迁、青苗补偿、附属构筑物拆除等工作未完成即开工的情况，容易造成参建单位与原产权所有者矛盾，项目施工受阻，通过属地政府主管部门介入，同步协调解决用地问题，影响项目整体推进效率。有的项目规划用地性质与实际用地性质不一致，需要进行土地变性，但土地变性审批环节多、流程长，对项目推进造成迟滞。

建议对于多地块组团建设项目，充分结合业主单位需求，科学进行规划。确需进行指标调剂的，由规划主管部门制定控规调整简化流程，缩短办理时间，在初步设计完成前取得建设工程规划许可证。

建议在项目立项完成后，由项目业主单位、属地政府相关部门联合推动项目用地征拆工作，完成土地收储相关手续。核查项目用地性质，需要进行土地变性时提前启动相关工作，协调推动拆迁补偿资金到位，在初设概算批复前取得选址意见书、用地规划许可证、国有土地使用证，项目正式开工前，完成红线内场地清表、三通一平。

8.2.2 配套设施

配套设施是项目顺利投入运营的必要条件，包括红线外的配套设施及红线内的专项工程。红线外配套设施主要指路网、水网、电网等五网配套设施，由项目属地政府部门负责推动建设；红线内专项工程指自用的大型设备、信息化系统等必要附属设施，由项目业主单位负责建设。

有的项目建设中，配套设施往往不能与主体建筑同步建设，具体表现为周边市政配套设施的规划选址未确定、建设资金未落实到位、设施需要提升扩容、迁改工作进展滞后等问题。部分医疗项目涉及大型医疗设备采购周期长，项目施工需要为设备安装预留运输通道而迟迟不能完成竣工验收，信息化系统确定时间晚，从而影响建筑的预留预埋、机电装修等工作。部分地处偏远的项目，虽然项目主体功能完备，但缺少必要的生活保障功能，项目投入运营也受到影响。

建议由省市级两级政府针对市政配套设施建设成立协调小组，协调各配套设施建设单位及相关行业主管部门，推动市政配套设施与项目建设同步设计、同步施工、同步投入使用。

建议项目业主在项目可研阶段着手制定大型设备清单，摸清设备采购、排产、供货周期，制定设备到场计划时间表，提前开展项目运营信息化需求，明确对硬件设备和路由的要求，与项目建设整体工期相互衔接。

8.2.3 建设资金

建设资金主要涉及资金申请和资金支付两个环节。由于实行建设资金国库统一支付，代管单位负责项目建设年度预算的申报，申报额度少影响工程进度和年末进城务工人员工资支付，可能引发相关社会问题；申报多则可能导致产值虚报，申请的预算资金面临收回，且影响下年度预算申报。此外，虽然项目建设资金来源于中央财政和省财政资金，保障效率高，但如前述的征地补偿、配套设施的建设资金能否如期到位往往成为推进项目的卡点。

建议项目建设资金申请按照年度建设进度合理申报，过程支付申请要及时、准确，与建设进度相匹配，项目业主单位与代管单位要同步审核，加快支付进度，推动过程结算，尽量缩短生产进度与支付进度之间的时间差。计价支付依据要做好过程留痕，作为过程及竣工结算审核环节的基础。加强配套资金与项目建设资金的同步到位。

8.3 选择实力与项目相匹配的参建团队

8.3.1 坚持优中选优的标准

选择具有丰富专业经验、资源调配能力强、善于攻坚克难的承建单位是高效推进项目的重要条件。既有的施工总承包公开招标制度中，在诚信评价方面，主要是针对施工企业的资质、历史业绩进行评定并划分等级。但对于实际项目管理，总承包单位选派的管理团队的能力经验也非常重要，个人的专业背景、组织能力、从业经历、历史业绩、调配企业内部资源能力、互相配合的默契程度等因素都影响着管理效率。有的项目存在总承包单位是国内知名企业，但选派的团队却经验不足、调配资源能力欠缺的情况，反而影响了项目的顺利推进。

建议在对企业资信评定的同时，增加对选派团队的评定。针对团队中的核心成员，包括项目经理、项目总工、商务经理等进行评定，评定指标建议考虑司龄、持证情况、公司内任职情况、团队共同历史业绩等。

8.3.2 控制恶意低价竞标

施工总承包合同价符合市场公允价格对于项目顺利推进是重要的前提条件。在生产要素全国大循环的背景下，符合项目资信要求的企业往往非常充裕，竞争异常激烈。个别承包商为了获取工程项目采用恶意竞价方式进行不正当市场竞争，通过集体大幅度下浮投标报价的方式拉低商务报价平均值以博取中标资格，甚至投标报价低于项目成本价。通过恶意低价中标的单位，在项目实施过程中往往通过设计变更、材料设备替换、工程签证洽商、工期索赔等手段进行二次经营，既违反市场公平竞争原则又影响项目建设质量和工期。

建议在施工总承包公开招标制度体系中设置拦标价下限（参考工程成本价），低于拦标价下限的投标作为废标处理。

8.3.3 规范分包及材料设备采购

采购到专业能力强的分包单位及质量可靠的材料设备是保障项目品质的重要环节。有的项目主体施工推进顺利，但专业分包交叉作业时进度受阻，比如幕墙工程未完工而影响机电安装，机电安装又是室内精装修工程的前置工作；有的总承包单位出于自身利益考虑，计取分包单位过高的管理费，造成分包单位降低资源投入，影响进度。

分包单位是否胜任是需要重点关注的问题，分包单位需具备生产能力，不能只作为销售代理公司存在。分包单位的采购嵌套在施工总承包单位的工作内容中，代管单位既不能作为"裁判员"去干预其采购过程，又不能听之任之、撒手不管。有的项目在实施过程中材料选型迟迟无法确定，特别是室内精装修，认样环节耗时较长也会影响项目推进效率。

建议对于总承包对分包的采购，进行过程监督和结果备案。代管单位对于专业分包单位的采购"只监不控"，对于分包单位的资格、资质进行核验，对采购过程进行监督，对于过高计取管理费的问题及时向总包单位指出。建立材料设备选型库制度，按照不同建设标准和档次进行分类，参考市场上口碑认可度高、质量服务有保障的产品，且产品必须具有广泛的市场竞争性和可选择性，选型库定期进行更新并进行公示。推行材料设备封样制度，在概算可控前提下，由业主单位、代管单位、设计单位、监理单位、施工单位共同到场对选样进行签字确认，确认后不得擅自变更。

8.4 高品质推进项目建设

8.4.1 减少设计反复，提升设计成果质量

设计按照阶段分为方案设计、初步设计、施工图设计三个阶段，各阶段设计成果均需要获得业主单位的确认。方案阶段主要确认内容包括功能布局、总平面、交通流线、建筑立面、室内、景观效果等内容；初步设计主要包括建筑平立剖、结构体系、机电系统

以及室内、景观、弱电智能化、各专项设计等；施工图重点是各专业、各部位构造做法、规格参数、物料清单、专项二次深化、施工要求等。有的项目由于方案阶段未履行确认手续，在后续设计阶段提出修改原方案，医疗建筑的三级流程（施工图）确认时又提出要修改一、二级流程（方案及初步设计），对项目推进造成很大影响。

设计阶段是控制项目造价最重要的阶段，批复的初步设计概算需要严格遵守，进行限额设计。有的项目设计单位没有认真研究方案及初步设计内容，对概算分析不透彻，完成施工图设计后才发现施工图预算超出批复概算，需要重新调整设计，造成工作反复和时间浪费。

有的项目设计单位根据自身经验进行理想化设计、过度设计，没有考虑海南当地多风多雨的气候特点，造成使用功能上的障碍，后期再进行改造，造成资源浪费。有的设计单位来自国内其他地区，对海南地方标准不熟悉，在设计手法上、体系选型上不适应海南当地要求，钢筋超配、大而无用的设计时有发生。

建议在图纸强制审查基础上，增加业主单位、代管单位审核环节，各阶段设计成果需经签字确认。充分利用第三方专家库资源对方案、重大技术环节进行把关，对于重大项目，考虑第三方优化顾问对设计成果的技术经济性进行审核优化。推行设计总承包制和BIM正向设计相关要求，加强技术统筹，各设计、顾问单位需要在同一模型下开展设计工作，对主体与专项之间、专项与专项之间的成果进行成果检查。

8.4.2 发展建筑AI设计，提高设计效率

随着人工智能的发展，许多行业都将受益于人工智能技术，其中也包括建筑行业。建筑业通过AI可以过渡到更高效的自动化流程。AI设计可以在建筑设计的各个环节中发挥作用，自动生成建筑空间、结构以及细节构件等，以此来提高设计效率，减少成本，加快施工进度。AI设计还可以实时优化设计，通过算法检测设计，提高设计的准确性和稳定性。此外，AI设计也可以改善施工过程中的流程管理和施工质量控制，使用AI及物联网技术，结合机器学习算法和深度学习算法，实时监督相关流程，检测施工质量，以提高施工效率和质量。从长远来看，AI用类人的视角积累企业数据，并通过迭代升级来运用这些数据资产为设计企业智能化管理创造条件，并促进整个行业的发展。

8.4.3 深入推进数字化模拟建造

目前的项目建造中对于BIM的应用还主要以机电系统管线综合、碰撞检查、净高控制等建造阶段技术应用为主，并未发挥出建筑信息模型的核心作用。对于前期的使用方需求、运营期对物理空间的开发利用、保养维护还没有发挥应有的作用。而数字化建造需要对建筑物的全生命周期进行模拟，也就是建筑业数字化转型的最高形态，数字孪生。数字孪生可以以BIM为基础模型，整合全生命周期的"五全信息"，即全空域、全流程、全场景、全解析、全价值，将建筑本体及建造过程全部数字化，以一种全新的组织方式开展建造工作。通过数字孪生一是可以满足使用方需求的不断发展，对于空间适应不同场景变化，多模式、多功能地预留可能性，体现产品的差异化；二是通过数字化协同打通供应链上下游参建单位，提高生产效率，这也是目前应用最多的模式；三是对于建筑运营阶段，由于集合了建筑的所有物理空间、环境状态等信息，管理者可以进行空间二次开发利用，结合物联网、AI等技术对各类设施运行状态进行监控和管理维护。

8.4.4 以装配式为基础推动建筑工业化革新

建筑工业化既可以实现建设过程降碳减排，减少施工现场物料浪费，也是提高施工效率，加快推进项目建设的有力保障。目前代管项目虽然均已实现装配式建筑的评价指标要求，但仍以钢筋混凝土水平PC构件、管线分离等指标为主。

建议从设计端开始，以装配式为基础进一步推进建筑工业化理念的深入实施，包括推动钢结构体系、竖向装配式结构体系应用；在新型围护结构体系上，大力发展和应用工业化新型墙体、幕墙体系；在集成装修上推进装修单元工业化生产安装，推进整体厨房、整体浴室、整体淋浴间、集成门套窗套等工厂标准化产品，使复杂装修部位变得精致美观、功能性强、收边精准，进一步推进BIM在建筑工业化中起到核心作用。

8.4.5 建立数字化项目管理平台

随着新质生产力概念的提出以及数字化赋能传统产业的逐步深入，建立数字化项目管理平台，促进项目管理降本提质增效，成为新的生长点。一方面，在以往的项目中，只有散点状地应用信息化管理手段，主要针对施工现场安全管理、疫情期间人员管理方面，并没有系统性地建立管理平台，而项目管理涉及投资计划、规划设计、招标采购、成本核算、产值统计、审计风控、安全质量等多专业管理，不能以公司OA系统简单替代；另一方面，项目管理对象涉及设计、施工、监理、咨询、供货商等一系列主体，虽然同处一条产业链，但相互之间并无太多数据信息交互，容易形成数据孤岛，必须通过代管单位的组织管理进行协同，而会议、工作群等方式在管理效率、成果标准化、管理过程留痕上均远不如数字化管理平台。

建议建设行业主管部门研究制定数字化管理平台的相关标准制度，鼓励代管企业进行平台的开发应用，给予税收或其他政策性补贴，打通产业链数据壁垒，实现更高质量项目管理，为行业数字化转型奠定基础。

8.4.6 优化验收与后评估机制

项目验收包括规划、消防等专项验收以及竣工验收。在以往项目中验收环节也会造成进度受阻，比如消防是由项目属地住建部门组织验收，在项目投入使用前还需经属地消防救援单位进行现场检查，验收与检查单位往往是现场指出问题、后期进行整改，这就无疑会增加改造成本、延后交付投用时间。再如规划验收时，由于设计单位对于面积计算规则理解上存在偏差，其计算标准与资规部门验收标准不一致，容易造成规划指标超限，进行整改，也会造成成本增加、交付时间延后。

建议消防、规划验收部门在建设期参与项目，给予技术指导。消防专项可以通过第三方咨询顾问方式汇总设计单位、图审单位、住建部门、消防救援单位的技术意见，在项目设计阶段消化问题，避免后期拆改。规划方面，可以将资规部门认可的计算标准向设计单位、图审单位组织宣贯，在图审完成前统一计算标准，防止指标超限。

建议建立代管项目后评估制度，由于代管项目建设项目陆续进入运营使用阶段，进行项目后评估可以检验建设成效，通过问卷调查、回访等方式获取使用方评价，对于省内代管单位积累项目经验，优化同类项目规划设计、功能设置等量化指标提供参考借鉴。

8.5 完善全过程监督机制

按照2021版《代管办法》及《操作指南》，2000万元投资额以上的社会领域基本建设项目要通过竞争比选方式确定代管单位。但由于代管单位的比选是新生环节，目前主要由项目业主单位自行组织，行业主管部门未介入比选过程，比选过程缺乏第三方监督机制。由于代管单位比选往往采用综合评分法，对业绩资信、代管费报价和代管方案分别评分，而代管费率没有设置成本拦标价，且资信或代管方案分的设置上如果出现门槛和壁垒会影响代管单位的公平竞争。

建议相关行业主管部门对代管比选过程进行监督，保障市场竞争的充分性和公平性。

8.6 提高审批效率

8.6.1 推动报批文件标准化

目前国家发展和改革委员会编制的项目可研大纲正在征求意见，而上海也已就项建书、可研报告、初设概算文件形成具体的标准。

建议海南省参考国家发展和改革委员会或其他地方的标准文件，结合地方特色优化形成省级要求，制订项目建议书、可行性研究报告编制通用大纲，初步设计及概算标准文本等，为政府投资项目进一步确立标准，提高编制规范化及审批效率。

8.6.2 实行并联审批

由于项目实施过程中的审批事项相互构成前置条件，因此在推进过程中容易因某项审批未完成而形成迟滞。

建议进一步梳理项目建设前置要素审批事项，促进要素审批部门联审、联批。除对项目推进影响最大的立项可研、规划用地、施工报建所涉及的发改、资规、住建部门实行并联审批外，还需统筹考虑环境影响、水土保持、社会稳定、消防、人防等专项审批，一并纳入联合审批，通过由发改部门向其他审批部门发送意见征询函方式，实现项目开工前完成各项审批，避免因某项审批未完成或者容缺而造成后期变更、拆改的情况。

由于项目建设周期往往跨度较长，期间的建设标准、设计规范修订更新时有发生。此类技术性变更会引起交工标准变化、造价增加，从而改变可研、初设概算的批复标准。《代管办法》虽然明确了重大变更的申报主体，但对于重大变更的定性、变更原因分类，以及受理变更申请，调整可研、初设的程序未予明确。

建议相关审批部门制定重大变更分级定性标准，进一步明确变更报批程序。

附录1　项目列表

序号	启动实践	项目名称	项目规模（m²）
1		海南经贸职业技术学院留学生教育综合楼项目	22361
2		海南省中医院新院区项目	199477
3		热带海洋学院附属中学多功能实验综合楼	10545
4		海南省农垦实验中学图书信息中心	7000
5		海南省农林科技学校创业实训基地建设及设备购置项目	4500
6		海南省机电工程学校教学楼	16140
7		海南大学研究生公寓及附属食堂项目	45423
8		海南热带海洋学院三亚校区新建项目配套设施工程项目	/
9		海南大学热带农林学院专家学者楼	40959
10		海南外国语职业学院南苑学生公寓楼项目	16925
11		海南省农垦加来高级中学图书综合楼	4987
12		海南省国兴中学教学综合楼	5203
13		海南省农垦中学科学艺术馆	15993
14		中共海南省委党校新校区项目	177435
15	2018年	海南省血液中心业务楼扩建	1479
16		海南省图书馆二期工程	32928
17		海南省第二卫校运动场	3667
18		海府新村	20163
19		海南经贸职业技术学院第二运动场改造	/
20		海南莺歌海盐场棚户区改造项目（二期）	18589
21		莺歌海盐场棚户区危旧房改造（一期）二批164套项目	14235
22		海南师范大学桂林洋校区实验楼	19450
23		海南师范大学桂林洋校区公共教学楼	14800
24		海南师范大学桂林洋校区学生活动中心项目	7172
25		海南莺歌海盐场棚户区基础配套设施项目一期（棚户区区间道路）	48770
26		海南省平山医院农疗基地扩建修缮工程项目	331
27		海南经贸职业技术学院学生宿舍电路增容及安装空调、热水器项目	/
28		海南外国语职业学院运动场东侧道路改造（挡土墙加固）工程	/

续表

序号	启动实践	项目名称	项目规模（m²）
29		中海油周转办公楼装修项目（御府国际、荣城铂郡项目）装修工程及中海油周转办公楼装修项目（御府国际、荣城铂郡项目）生产指挥大数据系统工程	59875
30		海南师范大学附属中学综合楼	13419
31		海南师范大学附属中学学生文体活动中心	10412
32		海南热带海洋学院学生第二食堂室内室外配套工程项目	/
33		海南省工业学校实训楼	4990
34		海口市美兰区住房和城乡建设局演丰镇瑶城美丽乡村示范点建设项目（一期）项目	/
35		琼台师范学院（桂林洋校区）学生宿舍楼空调系统建设工程	/
36		海南师范大学美术馆装修建设项目	2500
37		海南海控永秀花园人才公寓装修工程	93768
38		海口市美兰区瑶城村美丽乡村文旅项目	6000
39	2019年	海南师范大学桂林洋校区学生公寓15#-17#	34697
40		海南经贸职业技术学院图书馆文化环境建设及设施设备配置项目	/
41		海南外国语职业学院2019年校园绿化工程	17355
42		美丽乡村莺歌海盐场党建文旅项目	/
43		海南省艺术学院美术与图书楼项目	5600
44		海南省人民医院博鳌研究型医院项目（一期）	90269
45		海南大学海甸校区学生区等道路及排水改造工程项目	/
46		海南大学海洋学院实验楼维修改造工程	6692
47		海南大学图书馆改造工程项目	30863
48		海南大学紫荆学生公寓3号楼项目	49932
49		海南省老年医疗中心（一期）项目	127951
50		四川大学华西乐城医院	66388
51		海南省平山医院食堂综合楼工程项目	1718
52		海南省灾害监测预警中心	15200
53	2020年	海南省人民医院医教协同项目	52654
54		琼台师范学院校园道路文化提升（一期）项目工程	/

续表

序号	启动实践	项目名称	项目规模（m²）
55	2020年	海南大学热带作物国家重点实验室（筹）	15000
56		海南省公共卫生临床中心项目	87581
57		海南省疾病预防控制中心异地新建项目	60818
58		海南省妇幼保健院异地新建项目（海南省妇产科医院新建项目）	99191
59		三亚悦榕庄酒店会议中心改造装修项目	4285
60		海南省人民医院南院（观澜湖）项目	140990
61		海南大学生物医学与健康研究中心	55055
62		国际创新药械交流转换中心	25658
63		海南大学信息科技大楼扩建	2390
64		海南大学法学科研中心	13552
65		海南医学院第一附属医院江东新院区项目	306783
66		海南大学观澜湖校区教学及生活服务设施（一期）项目	81929
67		国际创新药械交流转换中心布展项目	/
68	2021年	全球精品（海口）免税城项目一期改造工程	44166
69		海口综保区A08地块仓库修缮工程项目	170091
70		海控全球精品（海口）免税城项目二、三期改造工程	23028
71		海南省人民医院秀英院区道路改造项目	/
72		海南省人民医院秀英院区管网改造项目	/
73		博鳌乐城先行区乐颐大道及长昇国际医院外市政绿地项目	/
74		海南大学泰坚楼改造项目	4025
75		琼台师范学院附属桂林洋幼儿园户外改造项目	/
76		海南大学儋州校区1至4号学生宿舍楼维修改造项目	/
77		海控免税品旗舰店项目	2780
78		海南广场机关食堂改造项目	5523
79	2022年	海南大学协同创新项目	105300
80		海南农信中部金融中心项目（一期）	60000
81		国家紧急医学救援基地（海南）建设项目	68088
82		海南新国宾馆装修改造项目	41805
83		海南大学南海海洋资源利用国家重点实验室项目—南海海洋资源利用国家重点实验室科研实验大楼	49000
84		海南大学南海海洋资源利用国家重点实验室项目—万宁海洋科学试验中心	9870

续表

序号	启动实践	项目名称	项目规模（m²）
85	2022年	临高县金融孵化基地项目	22663
86		海南医学院桂林洋新校区（一期）项目	185841
87		博鳌乐城先行区右岸人防工程	13000
88		博鳌乐城先行区蓬莱公园项目	4000
89		博鳌乐城先行区医工转化平台项目	142155
90		博鳌乐城先行区上海交通大学医学院海南国际医学院中心（医学科技创新基地）项目（左岸）	360000
91		上海交通大学医学院附属瑞金医院海南医院（海南博鳌研究型医院）二期工程项目	57003
92		海南省委党校方舱医院建设项目	20086
93	2023年	海南省公共卫生临床中心附属配套项目	18917
94		海南中学附属幼儿园幼儿活动及其附属用房项目	3730
95		海南医学院图书馆附楼维修改造项目	3395
96		海南省政府会展楼食堂装修改造项目	3135

附录2 职责分配矩阵

序号	任务	区域项目部				运营管理部	投资发展部	项目前期部
		项目总监	设计经理	工程经理	成本经理			
1	组织召开评估会	参与				参与	参与	负责
2	组织编制可研报告	参与				参与		参与
3	任命项目总监					负责		
4	组建项目部	负责						
5	编制项目总体进度计划	负责	参与	参与	参与	审核	支持	参与
6	编制项目各阶段设计工作计划	审核	负责	参与				参与
7	组织召开合约规划编制启动会	参与	参与	参与	参与	参与	参与	
8	确定项目采购内容、范围、时间	负责	参与	参与	参与	参与	参与	参与
9	分解项目目标成本、设立合约规划科目	审核	参与	参与	负责	参与	参与	参与
10	形成建设项目书面《合约规划》文件	参与	参与	参与	参与	参与	参与	参与
11	组织进行项目合约规划分解及编制	参与	参与	参与	参与	参与	参与	参与
12	编制项目施工总进度计划	审核		负责		审核		参与
13	编制项目竣工移交计划	负责	参与	参与	参与	审核		
14	编制项目运营准备计划	负责	参与	参与	参与	审核		
15	编制项目资金使用计划	审核	参与	参与	负责			
16	编制项目年度设计工作计划	审核	负责					
17	编制项目年度施工计划	审核	参与	负责	参与	审核		
18	编制项目年度资金使用计划	审核	参与	参与	负责	审核		
19	项目计划变更管理	负责				审核		
20	汇总项目各阶段/各条线计划信息	参与				负责		参与
21	组织设计竞赛确定优选方案	参与	参与	参与	参与	参与	参与	参与
22	设计任务书	审核	负责	参与	参与			
23	设计跟踪协调		负责					
24	设计合同履约管理		负责					
25	设计成果内部审查及确认		负责					
26	前期征询		参与					负责
27	方案设计评审	参与				参与	参与	参与
28	方案设计政府报批		参与					负责
29	发出初步设计、施工图设计指令		负责					
30	初步设计评审	参与	负责	参与	参与	参与		参与
31	施工图设计评审	参与	负责	参与	参与			

公司业务部门								公司决策层			
招标采购部	产品研发部	工程管理部	成本管理部	环境健康安全部	财务部	客户服务部	法务合规部	分管副总	总经理	总经理专题会	党委会
	参与	参与	参与					审核			审批
	负责	参与	参与					审核	审批		
								审核	审批		
	参与	参与	参与					审核	审批		
参与					参与			审核	审批		
	审核										
负责	参与	参与	参与			参与					
参与	参与	参与	参与			参与					
参与	参与	参与	参与			参与					
负责	参与	参与	参与			参与		审核	审核		审批
负责	参与	参与	参与			参与		审批			
								审核	审批		
								审核	审批		
								审核	审批		
				审核	参与	参与		审核	审核	审批	
								批准			
								批准			
								审核	审批		
								审核	审批		
参与	负责	参与	参与					审核	审核	审批	
	审核							审批			
	支持										
	参与				参与		支持				
	审核							审批			
	负责	参与	参与								
	支持	支持	支持					参与			
	支持	支持	支持								

序号	任务	区域项目部				运营管理部	投资发展部	项目前期部
		项目总监	设计经理	工程经理	成本经理			
32	定板定样（方案设计阶段）	参与	负责	参与	参与			
33	施工图审图备案		负责	参与				
34	组织设计专项技术评审	参与	负责	参与	参与			
35	施工图交底（图纸会审）	参与	参与	组织	参与			
36	施工图图纸版本及内部发放管理		负责					
37	技术判断设计变更是否成立	审批	负责					
38	一般设计变更	审批	负责	参与	参与			
39	重大设计变更	审核	负责	参与	参与			
40	组织设计专项论证会	参与	负责	参与	参与			
41	发出设计变更指令		负责					
42	审核确认设计变更图纸		负责					
43	设计现场服务管理		负责					
44	立项备案	参与	参与	参与	参与			负责
45	项目报建	参与	参与	参与	参与			负责
46	协助编制规划选址意见书	参与					参与	负责
47	协助办理国有土地使用权出让合同						参与	负责
48	办理建设用地规划许可证	参与	参与	参与				负责
49	办理建设工程规划许可证	参与	参与	参与				负责
50	质量监督手续申报	参与		负责				参与
51	办理施工安全报监备案	参与		负责				参与
52	办理施工许可证	参与	参与	参与				负责
53	建设工程放样复验		负责					
54	施工过程备案及专项申报（幕墙、节能等）		参与	负责				
55	制定招标采购方案	审核	参与	参与	参与			
56	成立招标方案审核小组	参与	参与	参与	参与	参与	参与	参与
57	供应商寻源	参与	参与	参与	参与	参与	参与	参与
58	管理供应商入库							
59	组织（过程中）对供应商进行评价	参与	参与	参与	参与	参与	参与	参与
60	（不合格）管理供应商出库							
61	招采立项	负责	参与	参与	参与			
62	明确设计采购要求（设计内容、交付时间、企业资质等）	审核	负责					
63	提供设计采购招标控制价	审核	参与		负责			
64	提供设计采购合同	审核	参与		负责			
65	形成设计采购招标方案	审核	参与	参与	参与			
66	明确施工/监理采购要求	审核			负责			

续表

公司业务部门								公司决策层			
招标采购部	产品研发部	工程管理部	成本管理部	环境健康安全部	财务部	客户服务部	法务合规部	分管副总	总经理	总经理专题会	党委会
	审核							审批			
	支持	支持									
	参与	参与	参与								
	参与	参与									
	审核										
	支持										
	审核	审核	审核				审核	审核	审核	审核	审批
	支持	参与	参与								
	抽查										
	支持										
	参与										
							参与				
负责	支持	支持	支持					审核	审核	审批	
负责	参与	参与	参与	参与	参与		参与	参与			审批
负责	参与	参与	参与	参与			参与				
负责								审核	审批		
负责	参与	参与	参与	参与			参与				
负责								审核	审批		
参与								审核	审核		审批
	审核										
	参与		审核					审核	审批		
	审核						审核				
负责	参与						审核	审核	审核	审批	
		审核									

序号	任务	区域项目部				运营管理部	投资发展部	项目前期部
		项目总监	设计经理	工程经理	成本经理			
67	提供施工/监理采购所需图纸及技术资料	审核	负责					
68	组织编制/审核工程量清单	审核	参与	参与	负责			
69	提供施工/监理采购招标控制价	审核			负责			
70	提供施工/监理采购合同	审核		参与	负责			
71	形成施工/监理采购招标方案	审核	参与	参与	参与			
72	组织召开招标方案审核小组会议	参与	参与	参与	参与	参与	参与	参与
73	执行招标工作							
74	除直接委托外的非公开自主采购（低于50万）	负责	参与	参与	参与			
75	除直接委托外的非公开自主采购（50万及以上）	负责	参与	参与	参与			
76	直接委托（低于5万）	负责	参与	参与	参与			
77	直接委托（5万~20万）(含)	负责	参与	参与	参与			
78	直接委托（20万及以上）	负责	参与	参与	参与			
79	发放中标通知书							
80	合同文本准备	参与	参与	参与	负责			参与
81	组织合同谈判	负责	参与	参与	参与			
82	组织合同签订	审核	参与	参与	负责			
83	合同台账管理				负责			
84	合同变更管理	审核	参与	参与	负责			
85	合同索赔	负责	参与	参与	参与			
86	估算拟建项目建设期所需固定资产投资	参与					参与	
87	确定项目初步设计概算	审核	参与	参与	负责			参与
88	确定项目施工图预算	审核	参与	参与	负责			
89	设计款支付	审核	负责	参与	审核			
90	审批工程进度款	审核		负责	审核			
91	甲供材料款项支付申请	审核	参与	负责	审核			
92	竣工结算	参与	参与	参与	负责			
93	竣工决算	参与	参与	参与	参与	参与	参与	参与
94	编制设计合同范本及更新							
95	编制施工合同范本及更新							
96	编制监理合同范本及更新							
97	编制其他相关合同范本及更新							参与
98	施工组织设计评审落实			负责				
99	施工档案管理			负责				
100	施工周报、月报管理			负责				

附录2 职责分配矩阵

续表

公司业务部门								公司决策层			
招标采购部	产品研发部	工程管理部	成本管理部	环境健康安全部	财务部	客户服务部	法务合规部	分管副总	总经理	总经理专题会	党委会
	审核										
			参与								
			审核					审核	审批		
		审核		参与			审核				
负责		参与					审核	审核	审核	审批	
负责	参与	参与	参与	参与			参与	参与			
负责											
会签								审核	审批		
会签									审核	审批	
会签								审核	审批		
会签									审核	审批	
会签									审核		审批
负责											
				参与			审核				
							参与				
							审核	审核	审批		
							审核	审核	审批		
	参与	参与	参与		参与		审核	审核	审核	审批	审批
	参与	参与	负责		参与			审核	审核	审批	
			审核					审核		审批	
			审核					批准			
			审核		审核			审核	审批		
			审核		审核			审核	审批		
			审核		审核			审核	审批		
			审核	参与				审核	审批		
参与	参与	参与	参与	参与	负责		参与				
	参与		负责	参与	参与		参与	审核			
		参与	负责	参与	参与		参与	审核			
		参与	负责	参与	参与		参与	审核			
参与	参与	参与	负责	参与	参与		参与	审核			
				抽查							

序号	任务	区域项目部				运营管理部	投资发展部	项目前期部
		项目总监	设计经理	工程经理	成本经理			
101	审核承包单位技术、安全和质量管理体系			负责				
102	封样		参与	负责				
103	进场设备、材料构配件管理			负责				
104	分包审查			负责				
105	现场签证（5万以下）管理	负责/审批	参与	参与	参与			
106	现场签证（5万~50万）（含）管理	负责	参与	参与	参与	审核		
107	现场签证（50万及以上）管理	负责	参与	参与	参与	审核		
108	审核工程一般安全、质量事故处理方案							
109	工程洽商	审核	参与	负责	参与			
110	项目竣工联合验收	参与	参与	参与				负责
111	项目竣工验收	负责		参与				参与
112	办理竣工备案							负责
113	竣工资料归档			负责				
114	总结复盘	参与	参与	参与	参与	负责	参与	参与
115	接受外部审计	参与	参与	参与	参与	负责	参与	参与

续表

公司业务部门								公司决策层			
招标采购部	产品研发部	工程管理部	成本管理部	环境健康安全部	财务部	客户服务部	法务合规部	分管副总	总经理	总经理专题会	党委会
		抽查		抽查							
	参与										
		抽查									
		抽查									
	审核	审核	审核					批准			
	审核	审核	审核					审核	审批		
	参与	参与		负责							
		审核							审批		
	参与	参与									
参与	参与	参与	参与	参与	参与	参与	参与				
参与	参与	参与	参与	参与	参与	参与	参与	参与	参与		

附录3 总流程图

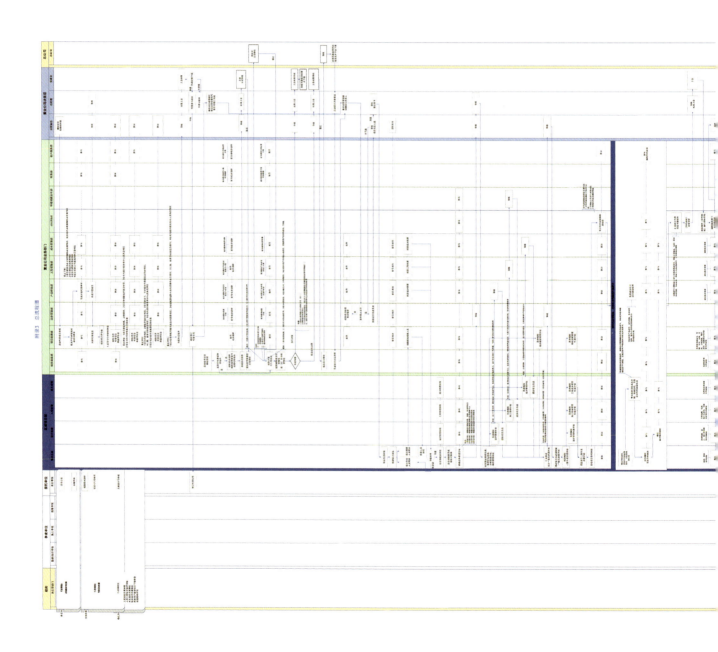

扫码阅览电子版
总流程图

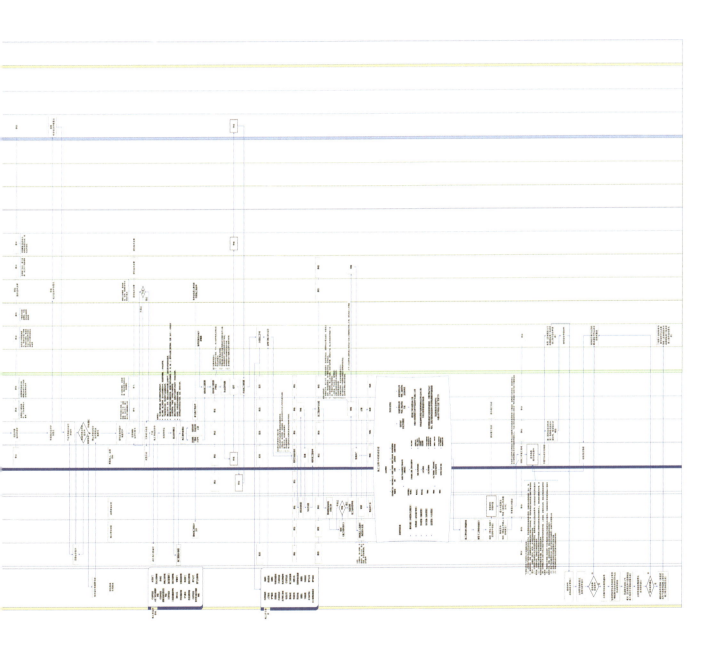

参考文献

[1] 马丁·费舍尔，霍华德·阿什克拉夫特，迪恩·瑞德，等. 集成项目交付[M]. 张挪威，译. 北京：中国建筑工业出版社，2021.

[2] 吴晓波，Murmann J. P.，黄灿，等. 华为管理变革[M]. 北京：中信出版社，2017.

[3] 梁学荣. 矩阵制组织—鱼与熊掌兼得的多重心协同系统[M]. 北京：企业管理出版社，2021.

[4] 叶苏东. 项目管理：管理流程及方法[M]. 北京：清华大学出版社，2019.

[5] 美国项目管理协会. 项目集管理标准（第四版）[M]. 林勇，译. 北京：电子工业出版社，2019.

[6] 梁另娃，叶玉聪."双碳"目标下海南自贸港绿色建筑发展[J]. 建筑，2023，（01）：100-102.

[7] 张挪威，王世平. 数字建造技术应用与实践[M]. 济南：山东科学技术出版社，2022.

后记

　　本书的编写是阶段性工作的回顾与总结。尽管在过去的五年，海控置业在项目集群管理能力提升方面做了许多尝试，但是，与在自贸港建设中承担的责任相比，还远远不够。在前期的工作中，公司对项目管理流程和各业务部门的规章制度进行了梳理和优化，但大多数的优化是基于发现的问题打的"补丁"。"补丁"数量很多，且还未站在全系统的角度对管理效能进行评估。同时，流程和规章制度的落地效果也没有得到清晰的反馈。上述情况我们希望通过正在研究的数字化管理平台建设予以解决，首先将管理流程和规章制度映射到线上平台进行固化，保证流程和制度的执行；其次通过数据平台对管理效能数据进行收集；最后依托数据分析、模型研究进一步提升管理效能。

　　另外，项目的竣工交付既是工作的阶段性终点，也是下阶段工作的起点。随着一批批项目的陆续竣工，我们后续计划对交付使用一定时间的项目开展建设后评估工作，了解项目投入使用后的问题，便于进一步调整、优化，实现管理能力的螺旋式上升。

　　直至本书截稿，还有一大批项目正在谋划或推进过程中，没能纳入本书。未来，随着海南自贸港的建设不断向纵深推进，建设项目不断涌现，还有更多重大项目高效建设的鲜活案例可以展现自贸港的建设成效。而海控置业也在持续推进着流程优化，并将启动数字化建设以更好地提升精细化管理水平，以缩小与自贸港要求之间的差距。

　　本书仅总结了公司内部近5年的代管业务，认知深度还远远不够，还有很多急需提升的方面。海控置业将以本书作为阶段性总结，持续不断地提升能力。欢迎各位读者对书中观点的错漏以及局限性进行批评指正，批评意见是我们不断提升的动力。希望本书可以成为一种传承，续写海控置业在工作中的"探索与实践"，以便于我们不断总结、不断提高，让一代代"建设者""管理者"精进技艺、优化管理，更好地服务自贸港项目建设，让一代代"海南人"看到自贸港的日新月异、蓬勃发展。

致谢

我们从2023年2月开始酝酿本书的编写，经过300多天的努力才得以成稿。本书在编写过程中得到了各方的大力支持，相关行政主管部门给予了指导。海南省住建厅站在行业主管部门的角度，在教育、医疗等民生项目建设的意义方面，在实践代管制成效方面，在落实海南省建筑业发展规划及政策方面给出了具体的指导意见；海南省国资委作为代管制推行的主管部门，也对本书的编写给予了极大支持。

感谢海南大学符宣国书记、海南医学院赵建农书记、海南瑞金医院顾志冬书记站在业主、使用方的角度为代管工作提供宝贵建议并作序。感谢各业主单位，项目是我们实践代管制的重要载体，在和各业主单位的交流、协作、碰撞中进一步启发了我们对项目、对管理的思考。

感谢崔愷院士、孟建民院士、胡越大师对各自的作品理念进行提炼，并站在设计方的视角上表达了各自的观点。感谢北京建筑院、华东建筑院、上海建筑院、中国建筑院予以的大力支持；感谢参与本书编写工作的上咨国际、天津大学团队的辛勤付出；感谢中国建筑工业出版社的配合及指导；感谢参与编写的各设计和施工单位。

感谢同济大学杨东援、李国强两位副校长，浙江大学吴晓波、罗尧治、卢向南教授，杭州电子科技大学陶俐言教授，上海科技大学院哲明主任，上海建科工程咨询有限公司于超经理，在百忙之中对本书提出宝贵的意见。

感谢海控置业参与本书编写的各部门、各项目同事，感谢你们在辛勤工作的同时，参与到本书的编写工作中。

感谢海南省国资委马咏华主任以及海南控股周军平董事长为本书作序。

祝海南控股、海控置业能持续与自贸港共同成长，愿海南自贸港迈向辉煌！

图书在版编目（CIP）数据

自贸港广厦之基：海控置业公共设施项目集群代管的探索与实践 = Foundation of Grand Layout for Hainan Free Trade Port——The Expedition of Hainan Development Holdings Real Estate Group Co., Ltd. in Commissioned Project Management of Public Facilities / 海南发展控股置业集团有限公司编著. —北京：中国建筑工业出版社，2023.12
ISBN 978-7-112-29452-7

Ⅰ.①自… Ⅱ.①海… Ⅲ.①城市公用设施—研究 Ⅳ.①TU998

中国国家版本馆CIP数据核字（2023）第244544号

责任编辑：葛又畅　刘颖超
书籍设计：锋尚设计
责任校对：赵　力

自贸港广厦之基
海控置业公共设施项目集群代管的探索与实践
Foundation of Grand Layout for Hainan Free Trade Port
The Expedition of Hainan Development Holdings Real Estate Group Co.,
Ltd. in Commissioned Project Management of Public Facilities

海南发展控股置业集团有限公司　编著
Hainan Development Holdings Real Estate Group Co., Ltd.

*

中国建筑工业出版社出版、发行（北京海淀三里河路9号）
各地新华书店、建筑书店经销
北京锋尚制版有限公司制版
北京富诚彩色印刷有限公司印刷

*

开本：880毫米×1230毫米　1/16　印张：20½　字数：466千字
2024年9月第一版　2024年9月第一次印刷
定价：**268.00元**
ISBN 978-7-112-29452-7
（42069）

版权所有　翻印必究
如有内容及印装质量问题，请与本社读者服务中心联系
电话：（010）58337283　QQ：2885381756
（地址：北京海淀三里河路9号中国建筑工业出版社604室　邮政编码：100037）